“十四五”时期国家重点出版物出版专项规划项目

“中国山水林田湖草生态产品监测评估及绿色核算”系列丛书

王　兵 ■ 总主编

河北太行山森林生态站
野外长期观测数据集

曹建生　朱春雨　阳　辉　王贺辉　等 ■ 著

中国林業出版社
China Forestry Publishing House

审图号：GS 京（2023）0737 号

图书在版编目（CIP）数据

河北太行山森林生态站野外长期观测数据集 / 曹建生等著. -- 北京：中国林业出版社，2023.4
（“中国山水林田湖草生态产品监测评估及绿色核算”系列丛书）
ISBN 978-7-5219-2079-6

Ⅰ. ①河… Ⅱ. ①曹… Ⅲ. ①太行山—森林生态系统—统计数据—河北 Ⅳ. ①S718.55

中国国家版本馆 CIP 数据核字 (2023) 第 006772 号

策划、责任编辑：于晓文　于界芬

出版发行　中国林业出版社（100009，北京市西城区刘海胡同 7 号，电话 010-83143549）
电子邮箱　cfphzbs@163.com
网　　址　www.forestry.gov.cn/lycb.html
印　　刷　河北京平诚乾印刷有限公司
版　　次　2023 年 4 月第 1 版
印　　次　2023 年 4 月第 1 次印刷
开　　本　889mm×1194mm　1/16
印　　张　11.25
字　　数　287 千字
定　　价　98.00 元

《河北太行山森林生态站野外长期观测数据集》著者名单

项目完成单位：

中国科学院遗传与发育生物学研究所农业资源研究中心
中国森林生态系统定位观测研究网络（CFERN）
国家林业和草原局典型林业生态工程效益监测评估国家创新联盟
河北太行山东坡森林生态系统国家定位观测研究站
中国科学院太行山山地生态试验站
赞皇县虎寨口国营林场

项目组成员：

曹建生　朱春雨　阳　辉　王贺辉　王　兵　牛　香　郝小华
赵宇寒　孙天妙　李佳聪　郭　波　苏童童　翟建文　吕德胜
梁春刚　赵贵林　张万军　韩淑敏　沈会涛　刘秀萍　郑文波
周新尧　司梦可　王志印　梁红柱　朱婉芮　尚国亮　王　辉
边瑞红　齐可亮　段保方　郭慧斌　田　龙　江红霞　于瑞丽
李　炜　张　瑜

编写组成员：

曹建生　朱春雨　阳　辉　王贺辉　王　兵　牛　香　郝小华
赵宇寒　孙天妙　李佳聪　郭　波　苏童童

前 言

党的二十大报告明确指出，要站在人与自然和谐共生的高度谋划发展，以中国式的现代化全面推进中华民族伟大复兴。“绿水青山就是金山银山”和“山水林田湖草沙是一个生命共同体”是实现人与自然和谐共生的现代化必须坚持的新发展理念，而明确“绿水青山价值多少金山银山”和“水土气生人耦合机制”是其亟需解决的首要科学问题。中国森林生态系统定位观测研究网络（Chinese Forest Ecosystem Research Network，CFERN）和典型林业生态工程效益监测评估国家创新联盟通过标准化的监测、试验，开展精准化的生态功能评估和价值核算，并探索多样化的生态产品价值化实现路径，这一切都离不开基础生态数据的支撑。当今社会已经进入大数据时代，生态观测大数据作为支撑生态环境管理科学决策的重要手段，对贯彻落实绿水青山就是金山银山的理念、全面深入推进生态修复保护与碳中和目标的实现以及数字中国的建设具有重要意义。但原始的观测数据通常会存在诸如观测频率不一致、单位不统一、质量缺少控制等问题而难以直接使用，数据集是将原始观测数据经过有效分析处理后，生成的高质量、完整、有意义、便于使用的数据产品的集合。数据集的编写，首先是对一个生态站野外长期观测工作的检查、总结和全面展示。野外观测工作做没做、对不对和值不值，都可以用数据产品来回答。其次，数据集是对 CFERN 生态数据资源共享模式的实践探索。截至 2020 年，CFERN 已经有 106 个森林站，跨了 35 个纬度区和 9 类森林分布区。这些站点因各自特点、监测人员习惯等原因，监测数据的命名、单位、存储等各不相同。目前，虽采取了统一网络上报的方式，连接一个个的信息孤岛，但上报结果并不对所有人公开；或是采用发表数据论文的方式，但一篇或几篇论文承载数据量是有限的。数据集是一种新的数据共享模式，为 CFERN 和联盟进行生态服务评估、大尺度关键生态过程和机理研究及相关森林经营管理提供有效的数据支持。

1986 年 10 月，为满足太行山绿化工程的科技需求，中国科学院石家庄农业现代化研究所（现中国科学院遗传与发育生物学研究所农业资源研究中心）于河北省元氏县牛家庄村，建立了中国科学院太行山山地生态试验站，围绕太行山区生态系统严重退化、贫困程度较深等问题，开启了植被生态修复技术研发和生态产业化模式构建等科研工作，进行退化山地生态系统修复与功能提升的关键影响因子与影响机制研究，逐步建立了山地水文循环过程监测系统，开展太行山生态系统的降雨径流入渗过程、蒸散发过程、山区对平原地下水侧向补给过程和水源涵养功能形成与演变过程的长期定位监测。

2013 年，中国科学院太行山山地生态试验站经国家林业局批准成为 CFERN 一员，成为河北太行山东坡森林生态系统国家定位观测研究站（简称河北太行山站），并于 2019 年完成国标认证，归口管理单位为河北省林业和草原局，中国科学院遗传与发育生物学研究所农业资源研究中心为技术依托单位。河北太行山站作为 CFERN 中国森林生态系统典型抽样布局和观测体系的重要组成成员，立足华北暖温带落叶阔叶林及油松侧柏林区，对自然状态下和人为活动干扰下森林生态系统的组成、结构、生物生产力、养分循环、水循环和能量利用等动态变化格局与过程进行长期观测，阐明生态系统发生、发展、演替的内在机制和自身的动态平衡，以及参与生物地球化学循环过程，为国家陆地生态系统定位观测研究提供不可缺少的数据支撑，为水碳权衡与协同等热点问题提供强有力的决策依据，助力国家生态文明建设。

2019 年，河北太行山站被认定为 CFERN 国家退耕还林工程太行山东坡监测站。河北太行山区作为北方防沙带京津冀协同发展生态保护和修复区，是退耕还林工程实施的重点区域，河北太行山站是该区域退耕还林工程生态功能监测网络布局中唯一的一级站，对 3 种植被恢复类型（退耕地还林、宜林荒山荒地造林和封山育林）的生态环境变化开展长期定位监测，为林业生态工程涵养水源、保育土壤、固碳释氧、林木养分固持、净化大气环境、森林防护和生物多样性保护效益评估提供基础生态参数。

2021 年，河北太行山站入选国家林业和草原局首批 40 个国家林草生态综合监测站（河北省唯一），成为河北太行山国家林草生态综合监测站。河北太行山站进一步整合森林、草原等监测资源，构建高效“天空地”一体化的综合监测评价体系，实现单项资源监测向多种资源综合监测、由资源监测向资源与生态综合监测评价的转变，形成统一的林草生态综合监测评价成果，体现造林绿化增加林草资源成效，详细评估生态修复治理效益、林草生态系统质量和林草碳汇增量，使科学绿化对林草生态保护修复的效果“有据可查”，应对气候变化和碳达峰、碳中和林草贡献“有数可依”，为统筹推进山水林田湖草沙一体化保护和系统治理提供支撑。

河北太行山站自2013年加入CFERN以后，进一步完善了森林生态系统长期定位观测体系，不断加强监测技术队伍建设和数据质量控制的工作，对河北太行山区森林水文、土壤、气象、生物以及其他要素进行长期定位观测和数据积累，监测数据上报和数据管理方面的工作逐步走向规范。截至2021年，河北太行山站已积累了近十年的系统、动态、连续的基础观测数据。河北太行山站基于国家标准《森林生态系统长期定位观测指标体系》（GB/T 35377—2017）规定的观测指标，依据《森林生态系统长期定位观测方法》（GB/T 33027—2016）规定的观测方法，在数据质量控制的基础上，对2013—2021年的基础观测数据进行筛选、提取、整理，生成完整、可靠的野外长期观测数据集，包括河北太行山站森林水文、土壤、气象、小气候梯度、生物和调控环境空气质量功能数据集，进一步拓展了数据服务的广度和深度，探索了CFERN生态数据资源共享模式，为国家重大生态工程效益评估、大尺度关键生态过程和机理研究以及相关生产活动提供数据支持，对实现“加速建设天蓝、地绿、水秀的美丽河北”具有重要意义。

感谢所有参与河北太行山站数据观测、收集和整理的工作人员，感谢在数据集编纂过程中提出宝贵建议的各位同行专家。受著者水平所限，本数据集可能存在不足之处，敬请读者批评指正。

著　者

2023年3月

目　录

第一章

河北太行山站基本概况

1.1 河北太行山站建设定位与区划布局

1.1.1 区划布局

河北太行山区处于华北平原西侧，海河流域上游，是华北平原重要的生态屏障和水源地，属国家京津冀协同发展战略的水源涵养功能区和生态环境支撑区。森林作为河北太行山区生态系统主体，其生态功能的形成与发挥，对维系区域资源环境和经济可持续发展具有无可替代的重要作用（蒋有绪，2000；杨萍等，2020）。但在过去长期不合理干扰下，区域原有的针阔混交林退化严重，表现出结构简单、生物多样性低、稳定性和抗逆能力差等特点，其生态系统功能大大降低甚至丧失。因此，急需开展针对性的森林生态功能监测，获取基础生态参数，为河北太行山区森林生态系统的提质增效和高质量发展提供必要基础支撑。

森林生态学研究表明，目标明确、科学合理的森林生态功能监测区划是开展生态功能监测的前提和基础，而建立森林生态系统定位观测研究站，形成布局合理、建设标准、监测规范、协调高效的森林生态功能监测网络是开展生态功能监测最有效的手段（王兵等，2004；傅伯杰等，2007）。中国森林生态系统定位观测研究网络（CFERN）将中国重点生态功能区和中国生物多样性保护优先区进行空间叠置筛选，建立了基于生态地理区划的中国森林生态系统典型抽样布局和观测体系（Niu et al.，2013a）。其中，河北太行山区是华北暖温带落叶阔叶林及油松侧柏林主要分布区，河北太行山站作为该区域的国家级监测站之一（图 1-1），承担着对太行山区典型森林生态系统的动态变化格局与过程进行长期观测的重任。

图 1-1　中国森林生态系统定位研究网络（CFERN）监测布局

注：图中标注的太行山东坡站为河北太行山东坡森林生态系统国家定位观测研究站简称，与文中河北太行山站代表同一站点。

同时，河北太行山区是退耕还林工程、太行山绿化工程、三北防护林工程等国家林业生态工程实施的重点区域。其中，2002 年全面启动的退耕还林工程是党中央、国务院着眼中华民族长远发展和国家生态安全做出的重大决策，是绿水青山就是金山银山理念的生动实践（国家林业和草原局，2020）。截至 2019 年年底，河北省退耕还林工程面积为 186.26 万公顷，占全国退耕还林工程总面积的 5.83%，排名第 7；根据退耕还林工程生态监测区划和监测布局（牛香等，2022），河北太行山区属于京津冀协同发展生态保护和修复区 [B Ⅲ（b）5]，河北太行山站也是该区域唯一的一级监测站（图 1-2），需要为太行山区生态系统涵养水源、保育土壤、固碳释氧、林木养分固持、净化大气环境、森林防护和生物多样性保护功能评估提供准确、及时、科学的数据（王兵等，2012；Niu et al., 2013b），对于评估全国重要生态系统保护和修复重大工程建设成效、巩固已有成果、走高质量发展之路，以及国家生态文明建设和国际履约贡献力量具有重要意义。

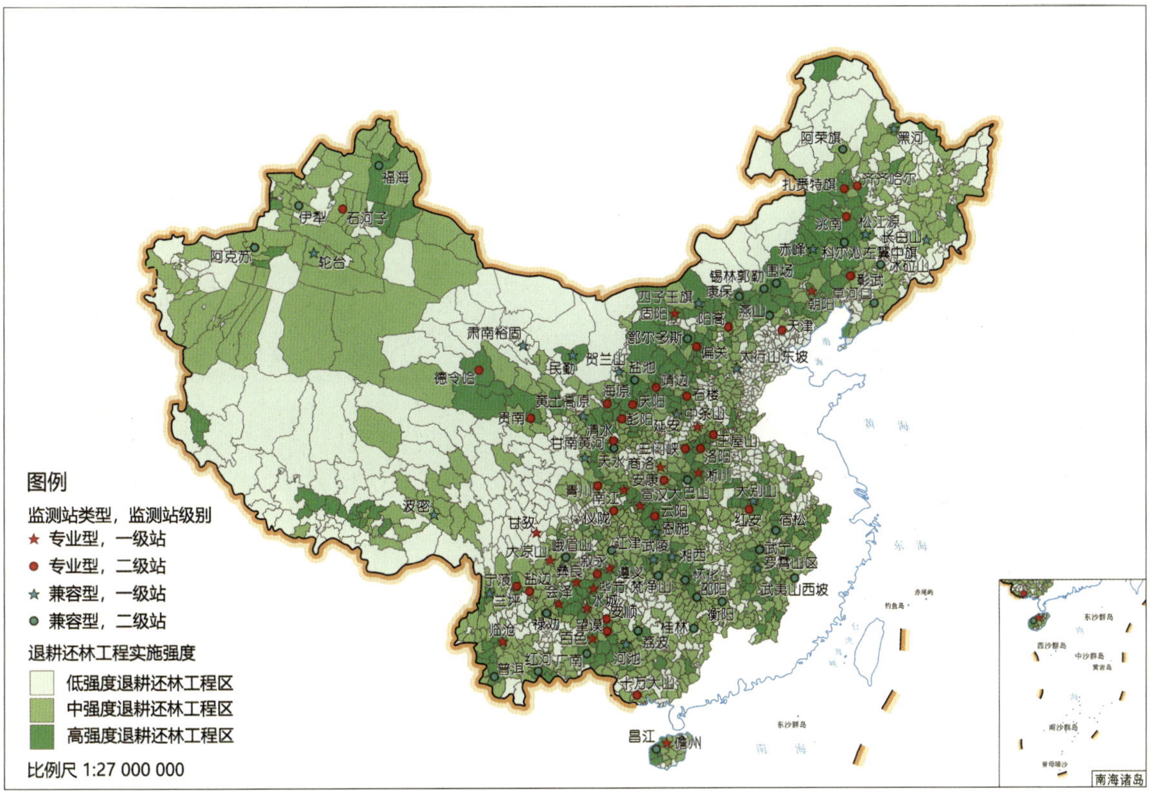

图 1-2　退耕还林还草生态功能监测区划与网络布局

在国家发展改革委、自然资源部 2021 年印发《全国重要生态系统保护和修复重大工程总体规划（2021—2035 年）》（国家发展改革委，2020）中，河北太行山作为北方防沙带的重要组成，将大力实施退耕还林还草、三北防护林体系建设、水土流失综合治理、防沙治沙等工程，进一步增加林草植被盖度，增强防风固沙、水土保持、生物多样性保护等功能，提高自然生态系统质量和稳定性，筑牢我国北方生态安全屏障。河北太行山站是目前河北省唯一的“国家林草生态综合监测站”（图 1-3），不仅代表着国家林业和草原局对河北太行山站生态监测工作的认可，更对河北太行山站在推动太行山区山水林田湖草一体化保护、系统治理和林草工作高质量发展，提升森林、草原、湿地资源及生态状况综合监测评价和评价分析能力、促进生态修复工程提质增效、建立健全生态产品保护补偿制度和价值化实现机制等方面提出了更高的要求，以应对当前环境保护与经济发展双重压力和机遇与挑战并存新形势。

图 1-3 国家林草生态综合监测站授牌仪式

1.1.2 建设定位

河北太行山站立足华北地区晋冀山地落叶阔叶林及油松侧柏林区，以太行山典型人工林和经济林为研究对象，开展退耕还林生态系统和农林复合生态系统的长期定位观测，以及农林复合生态系统的耦合机制、对环境胁迫的响应机制和防控措施的研究，揭示气候变化和人类活动干扰下农林复合生态系统结构、功能及其响应机理，探讨农林复合生态系统稳定性维持和退化环境的适应机理，服务于退耕还林工程生态效益监测评估，探索山区生态产品价值实现路径，为我国华北地区林业合理布局和过渡区生态文明建设提供决策依据，同时为我国正在实施的退耕还林工程、山水林田湖草一体化保护、系统建设和综合治理，以及服务碳达峰碳中和战略提供科技支撑和示范样板，逐步建成具有国际水平的长久性科学观测与研究基地，先进科学技术成果试验、示范和推广基地，优秀科学人才的培养基地和高度开放的国内、国际学术交流基地。

1.2 河北太行山区基本情况

1.2.1 地理位置

太行山绵延 400 余千米，是我国东部地区的重要山脉和地理分界线以及华北平原生态屏障，是具有国家文化标识性意义的重要山脉，也是中华民族精神重要传承地和太行精神重要发祥地。其中，河北太行山区位于太行山东坡，总面积 3.8 万平方千米，地理坐标为

36°23′ ~ 40°09′N，113°16′ ~ 115°14′E，包括涿鹿县、怀来县、蔚县、涞源县、易县、涞水县、满城区、阜平县、顺平县、唐县、曲阳县、平山县、灵寿县、行唐县、井陉县、井陉矿区、鹿泉区、元氏县、赞皇县、临城县、内丘县、信都区、沙河市、涉县、武安市、峰峰矿区、磁县等27个县（市、区）。最高峰位于蔚县小五台山，海拔2882米（图1-4）。

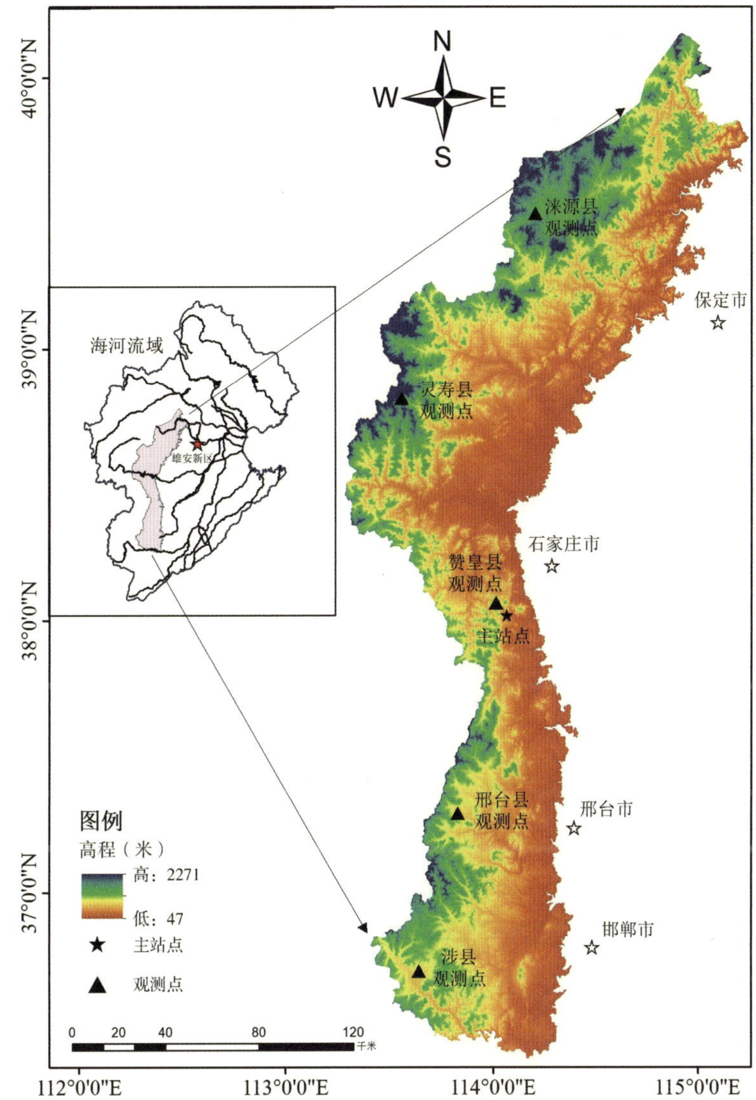

图1-4　河北太行山位置

1.2.2 水文地质特征

河北太行山地层比较齐全，主要由太古界、元古界、古生界、中生界构成，除普遍缺失的上奥陶至下石炭系地层外，其他地层发育齐全。太行山地质构造较为发育，主要为前寒武系滹沱群变质岩组，出露的岩石主要为太古界和元古界的花岗片麻岩，形成的山梁为南东—北西走向；并有少量寒武—奥陶系的石灰岩和石炭—二叠系的砂页岩，不整合覆盖其上部，呈南东—北西向倾斜，由北向南依次为岗南—阜平隆起、井陉—获鹿凹陷、内丘—赞皇隆起、武安—涉县凹陷。由于受到多种构造体系影响与控制，以间歇性的抬升为主，年均上升速度为 3 ～ 5 毫米。砂页岩厚度 0.5 ～ 20 米，石灰岩厚度 5 ～ 40 米，在花岗片麻岩的表层覆盖有 0.5 ～ 10 米厚的风化层。由于经历了中生代燕山运动、新生代喜山运动、新华夏系的继承性构造活动等一系列复杂的地质运动，使得太行山地区内部的地质结构可以划分出 4 个构造层次，即基底构造层、地台盖层构造层、中生代造山构造层和新生代裂谷盆地构造层。水文条件属火成岩变质岩岩类裂隙水含水岩组，在花岗片麻岩与石灰岩之间的构造破碎带内有较丰富的地下水，单井单位水位下降涌水量在 10 立方米 / （秒· 米）以上，而花岗片麻岩仅在其风化带中含水，水量很小，单井单位下降涌水量小于 5 立方米 / （秒· 米）。区域地下水运动的总体趋势是由西北向东南，地下水水位动态类型为降水入渗补给—蒸发径流排泄消耗型。水化学类型为重碳酸钙镁型，矿化度小于 0.5 克 / 升。

1.2.3 土壤特征

河北太行山区土壤类型主要为砂质壤土，发生类型多为由松散的花岗片麻岩和石灰岩等碎屑岩风化而成的山地褐土，黏粒含量低。由于花岗片麻岩含有极丰富的营养元素，同时岩层易水解风化，即使上层被侵蚀，尚有较深厚的半风化母质可利用（曹建生等，2018）。土壤结构不良，石砾含量大，粗骨性强，易侵蚀。土层薄，土层厚度在 0 ～ 50 厘米之间，其中阳坡土层厚度在 0 ～ 20 厘米之间，而阴坡土层厚度在 20 ～ 50 厘米之间。土壤保肥保水能力差，具有较高的渗透性能（Yang et al.，2021）。土壤类型可划分为 2 个土类 6 个亚类 8 个土种。土类包括棕壤和褐土，其中，棕壤包括石灰岩类草棕壤、基性岩类草棕壤、花岗岩生草棕壤；褐土包括淋溶褐土、石灰性褐土、草甸褐土。

1.2.4 气候特征

河北太行山区气候为暖温带半干旱半湿润大陆性季风气候，冬季寒冷干燥，夏季炎热多雨，雨热同期，冬长夏短，四季分明。多年平均降水量 503 ～ 673 毫米，降水时空分布不均，主要表现在季节性变化较大，其中雨季（7 ～ 9 月）降水量占全年降水量的 67.8%，易春旱秋涝，晚秋又旱；同时，年际间变化也较大，最小年降水量不足多年平均降水量的 50%，而最大年降水量达多年平均的 2 倍以上（曹建生等，2018）。年平均气温 5 ～ 11 ℃，最高气温 42.0 ℃，最低气温 -25.3 ℃，≥ 10 ℃以上年积温 4319 ℃，无霜期 150 ～ 210 天，太阳辐射总量 485.7 ～ 569.4 千焦 / 平方厘米，日照时数 2600 ～ 2800 小时，多年平均水面蒸发量 1207 毫米（Cao et al.，2022）。

1.2.5 植被特征

河北太行山历史上植被资源丰富多样，主要植被以落叶阔叶天然林和针叶天然林为主。其中，阔叶林主要包括栎（*Quercus acutissima*）、桦（*Betula*）、榆树（*Ulmus pumila*）、桤木（*Alnus cremastogyne*)、水青冈（*Fagus longipetiolata*)、核桃（*Juglans regia*)、朴（*Celtis sinensis*)、榉（*Zelkova serrata*)、臭椿（*Ailanthus altissima*）等；针叶林主要树种有雪松（*Cedrus deodara*)、水杉（*Metasequoia glyptostroboides*)、中国红杉（*Larix potaninii*)、银杏（*Ginkgo biloba*）等。但是由于近代特别是新中国成立以来人类无节制的开采开垦，原始植被基本荡然无存，低山丘陵区的天然森林已完全遭到破坏，坡耕农田和梯田成为本区域的主要景观，主要种植农作物和经济林［如核桃、花椒（*Zanthoxylum bungeanum*)、柿子（*Diospyros kaki*)、枣树（*Ziziphus jujuba*)、石榴（*Punica granatum*)］等；中山深山区以人工针叶林、天然次生林和灌丛、灌草丛为主，主要乔木树种有油松（*Pinus tabuliformis*)、侧柏（*Platycladus orientalis*)、刺槐（*Robinia pseudoacacia*)、栓皮栎（*Quercus variabilis*)、辽东栎（*Quercus wutaishansea*)、山杨（*Populus tomentosa*)、榆树、杜梨（*Pyrus betulifolia*)、黄栌（*Cotinus coggygria*）等，灌木和草本包括胡枝子（*Lespedeza bicolor*)、酸枣（*Ziziphus jujuba* var. *spinosa*)、榛（*Corylus heterophylla*)、野皂荚（*Gleditsia microphylla*)、荆条（*Vitex negundo* var. *heterophylla*)、照山白（*Rhododendron micranthum*)、接骨木（*Sambucus williamsii*)、卫矛（*Euonymus alatus*)、绣线菊（*Spiraea salicifolia*）和白羊草（*Bothriochloa ischaemum*）等（王志印等，2019）。

1.3 河北森林资源概况

1.3.1 森林资源数量

据第九次全国森林资源连续清查结果（国家林业和草原局，2019），河北省林地面积775.64 万公顷，森林面积 502.69 万公顷，森林覆盖率 26.78%。森林植被总生物量 18952.42 万吨，总碳储量 9205.62 万吨。各类林地面积中，乔木林地 365.40 万公顷，占林地面积的47.11%；疏林地 8.66 万公顷，占 1.12%；灌木林地 249.41 万公顷，占 32.15%；未成林造林地 22.31 万公顷，占 2.88%；苗圃地 7.84 万公顷，占 1.01%；迹地 10.75 万公顷，占 1.39%；宜林地 111.27 万公顷，占 14.34%。灌木林地中，国家特别规定的灌木林地 137.29 万公顷，一般灌木林地 112.12 万公顷，分别占灌木林地的 55.05% 和 44.95%。活立木蓄积量为15920.34 万立方米，森林蓄积量 13737.98 万立方米，每公顷蓄积量 37.60 立方米，其中森林、疏林、散生木和四旁树蓄积量分别占总蓄积量的 86.30%、0.86%、4.63%、8.21%。

1.3.2 森林资源结构

根据第九次全国森林资源连续清查结果（国家林业和草原局，2019），河北省人工林面积为 263.54 万公顷，蓄积量为 7263.16 万立方米，分别占全省森林总面积和总蓄积量的 52.42% 和52.87%；天然林面积为 239.15 万公顷，蓄积量为 6474.82 万立方米，分别占全省森林总面积和总蓄积量的47.57%和47.13%。不同林种中，防护林、特用林、用材林、薪炭林、经济林面积之比为57：2：16：1：24，蓄积量之比为65：5：9：0：1，均以防护林为主。不同龄组的乔木林中，幼龄林、中龄林、近熟林、成熟林、过熟林面积之比为53：31：8：4：1，蓄积量之比为31：39：18：10：2，以幼、中龄林为主。针叶林、阔叶林、针阔混交林面积占乔木林面积比例分别为19.23%、80.73%和0.04%。在乔木林各优势树种中，栎类、杨树和油松排名前三，分别占乔木林面积的16.53%、14.40%和10.04%，占乔木林总蓄积量的16.27%、21.37%和15.91%。

1.3.3 森林资源质量与稳定性

根据第九次全国森林资源连续清查结果（国家林业和草原局，2019），河北省乔木林每公顷蓄积量仅37.60立方米，每公顷年均生长量为3.09立方米，平均郁闭度0.47，平均胸径12.1厘米，与我国乔木林平均水平相比，每公顷蓄积量相当于全国平均水平的39.6%，每公顷年均生长量相当于全国平均水平的75%。现有乔木林呈现中幼龄林多、成过熟林少，人工纯林多、混交林少的状况，森林质量总体不高。此外，河北省森林碎片化分布特征明显，不利于森林生态系统服务功能的发挥，部分地区存在森林衰退的现象，导致森林的涵养水源、保持水土、防风固沙、调节气候、净化大气环境等生态功能退化甚至丧失。

1.3.4 森林资源生物多样性

河北省共有野生高等植物3071种，隶属于213科，占全国野生高等植物总数的8.47%，被列入国家重点保护野生植物名录（2021）的植物有25种，均为国家二级保护野生植物；被世界自然保护联盟（IUCN）（2020）评估为受威胁高等植物有4种，其中包括易危2种、濒危2种；被列入中国生物多样性红色名录受威胁高等植物有48种，其中极危3种、濒危15种、易危30种。国家重点保护野生动物147种，其中国家一级保护野生动物40种、国家二级保护野生动物107种；被世界自然保护联盟（IUCN）（2020）评估为受威胁物种46种，其中极危4种、濒危14种、易危28种。研究表明，河北太行山森林群落以草本植物物种多样性占绝对优势，而乔木植物的均匀度指数最高。随海拔升高，物种丰富度和Shannon-Wiener指数（α多样性）呈双峰型变化，在海拔900米和1800米左右出现峰值，Jaccard相似性（β多样性）在海拔700～1200米和1700～2000米出现两个较低区间，群落物种组成差异增大；RDA、CCA排序分析表明，优势物种垂直分布主要受海拔、温度和降水影响，与坡度、坡向等地形因子相关性不显著（梁红柱等，2022）。截至2020年，河北省共有古树名木506404株，隶属41科82属143种，其中正常株、衰弱株和濒危株各占总量的98.02%、1.90%和0.08%，一级古树、二级古树、三级古树、名木各占总量的1.28%、19.85%、76.41%和2.46%，数量最多的树种依次为侧柏、油松、梨，合计占总量的68.5%，总体上河北省古树名木生存状况良好（张伟等，2020）。

1.4 观测平台建设情况

基于 CFERN 标准化、规范化、网络化和信息化的监测理念，河北太行山站采取“一站多点”的空间布局模式。其中，主站点位于河北省元氏县前仙乡境内，为河北省太行山中部典型地段的低山丘陵区。此外，沿河北太行山从北向南，选择典型森林生态系统建立了 7 个长期定位观测点（表 1-1），并充分利用“互联网 + 生态站”模式（陈志泊等，2021），实现生态因子的长期监测、实时传输和自动调控。主站点与各观测点涵盖了太行山区多种典型森林生态系统类型，构成了优势互补的实时、连续、高效的水文、土壤、气象、生物长期观测网，满足了太行山区森林生态系统观测研究的系统化、全面化、自动化需求，可为太行山区林业生态工程效益评估和科学管理提供基础数据支撑，同时也为国家、省部级新型生态监测站点的建设提供示范。河北太行山站依据《森林生态系统长期定位观测研究站建设规范》（GB/T 40053—2021）要求逐步建立和完善森林生态系统长期定位观测所需的观测平台和支撑平台，严格依据国家标准《森林生态系统长期定位观测方法》（GB/T 33027—2016）规定的方法，对太行山站森林水文、森林土壤、森林气象、森林生物以及其他要素进行长期定位观测。

表 1-1　河北太行山站一站多点位置信息

站点名称	纬度（N）	经度（E）	海拔（m）	森林类型
主站点	37°54′13″	114°14′58″	350	刺槐人工林
塞北观测点	41°52′43″	115°44′15″	1380	羊草天然草地
涞源县观测点	39°07′49″	114°34′08″	1000	油松、侧柏人工林
灵寿县观测点	38°42′44″	113°50′17″	1780	蒙古栎次生林
井陉县观测点	38°12′23″	114°01′45″	780	黄栌次生林
赞皇县观测点	37°55′40″	114°13′02″	600	枣树人工林
邢台县观测点	37°01′39″	113°46′53″	490	核桃人工林
涉县观测点	36°39′50″	113°46′49″	590	油松人工林

1.4.1 森林生态系统水文要素观测场

1.4.1.1 林分蒸散观测场

依据国家标准《森林生态系统长期定位观测研究站建设规范》（GB/T 40053—2021）中 5.1.3 和《森林生态系统长期定位观测方法》（GB/T 33027—2016）中 4.1.3.4 对于林分蒸散观测要求，在 8 种典型森林类型（刺槐林、油松林、枣树林、黄栌林、核桃林、荆条林、石榴林、栎类混交林）中选择地势平坦、土壤中没有产流、植被分布均匀的观测点，安装规格为 2 米 ×2 米 ×2 米（长 × 宽 × 高）的正方体状称重式蒸渗系统。在正方体内每 50 厘米一层，安装土壤水分、水势传感器和土壤溶液采样器，底部安装称重传感器。在距离蒸渗仪 10 米内地面上安装气象传感器。重量测量间隔是 1 分钟，土壤水分水势、温度、气象参数测量间隔 10 分钟。

1.4.1.2 地表径流量观测场

依据《森林生态系统长期定位观测研究站建设规范》（GB/T 40053—2021）中 5.2.3 对地表径流量观测场建设要求，在地形、坡向、土壤、土质、植被、地下水和土地利用情况具有代表性的油松、刺槐、荆条林分中，选择林地枯枝落叶层保持完整的自然状态坡面，布设宽 5 米，与等高线平行，水平投影长 20 米，水平投影面积 100 平方米的地表径流观测场。地表经观测场沿坡从上至下应分别设置相互平行的上侧拦水墙，相互平行的左侧拦水墙和右侧拦水墙，设置由混凝土预制板组成的围埂，围埂总深度 50 厘米，高出地面 25 厘米；下部出流断面设置由直径 20 厘米的聚氯乙烯 PVC 管做成的集水槽，采用不锈钢挡板过滤杂物，集水槽中间出水口无缝连接引水槽，引水槽将集水槽水导入接流池中，接流池最底端设置直径 3 厘米的出水口，连接自动雨量计，进行地表径流量观测。

1.4.1.3 土壤水分观测场

依据《森林生态系统长期定位观测研究站建设规范》（GB/T 40053—2021）中 5.2.5 对土壤水分观测场建设要求，在刺槐林地表径流观测场附近，选择相同坡向、坡位区域布设 10 米 × 10 米的土壤水分观测场，观测场内设置呈对角线分布的 3 个观测点。依据《森林生态系统长期定位观测方法》（GB/T 33027—2016）中 4.2.3.8 规定的土壤水分观测方法，采用时域反射仪（TDR），分别测量 0 ~ 10 厘米、10 ~ 20 厘米、20 ~ 40 厘米、40 ~ 60 厘米、60 ~ 80 厘米、80 ~ 100 厘米的土壤含水量。

1.4.1.4 地下水位、水质观测场

依据《森林生态系统长期定位观测研究站建设规范》（GB/T 40053—2021）中 5.3.5 对于地下水水位观测井建设要求，在地形平坦的地段选择受人为因素影响较小的井，井深约为 70 米，大于历年最低水位以下 5 米，能保证枯水期照常观测，井壁和井口采用石砌且水泥加固，设置水位观测基点，高程为 345.74 米，布设美国 HOBO 公司生产的压力式水位计，长期监测地下水埋深变化。每月中旬，对地下水进行取样，送实验室用于水质分析。

1.4.1.5 降水量、水质观测场

依据《森林生态系统长期定位观测研究站建设规范》（GB/T 40053—2021）中 5.3.6 对于降水观测点建设要求，在观测场内选择观测点布设全自动雨量计，并在附近布设水质监测点，每月中旬，对收集的降水进行取样，送实验室用于水质分析。

1.4.2 森林生态系统土壤要素观测场

1.4.2.1 土壤理化性质观测场

依据《森林生态系统长期定位观测研究站建设规范》（GB/T 40053—2021）中 6.1 对于森林生态系统土壤理化性质观测场建设要求，选择太行山区 8 种典型森林（刺槐林、油松林、枣树林、黄栌林、核桃林、荆条林、石榴林、栎类混交林）的林地土壤，布设土壤理化性质

观测场；此外，在太行山、燕山和坝上地区，采用机械网格法，布设 129 个土壤理化性质观测点，组成了 12 条垂直生态样带。依据《森林生态系统长期定位观测方法》(GB/T 33027—2016)中 5.1.3.3 规定的土壤样品采集方法，在 8 个观测场内选择土壤结构没有被破坏的地方，采用土壤剖面法进行样品采集，挖一个宽 0.8 米、深 1.0 米的长方形土壤剖面，顺坡挖掘，坡上面为观测面，土壤较薄地区挖到母质层，观察土壤剖面层次、厚度、颜色、质地等，随后按发生层分层采集土样；在 129 个土壤理化性质观测点内选取土壤结构未被破坏区域，使用土钻法，每个样方选择 3 个抽样点，对表层土壤（0 ~ 20 厘米）样本进行采集，混合后使用四分法筛选出一个样本，每个观测点布设 4 个样方。所有采集的土壤样品去除杂物后，每份样品保留 1 千克左右，同时用环刀取原状土，送实验室测定土壤物理和化学性质。长期、定位观测森林生态系统土壤发育状况及其理化性质的动态变化情况，分析森林生态系统土壤与植被和环境因子之间的相互影响过程，为深入研究森林生态系统生态学过程与森林土壤之间的相互作用和充分认识土壤在森林生态系统中的功能提供科学依据。

1.4.2.2 土壤有机碳储量观测场

依据《森林生态系统长期定位观测研究站建设规范》(GB/T 40053—2021）中 6.2 对于森林生态系统土壤有机碳储量观测场建设要求，布设 8 个土壤有机碳储量观测场和 129 个土壤有机碳储量观测点，分别使用土壤剖面法和土钻法对土壤样品进行采集（参照 1.4.2.1)。采集的土壤样品 24 小时内带回实验室进行风干处理，测定土壤有机碳含量，建立土壤碳库清单，评估其历史亏缺或盈余，测算土壤碳固定潜力，进一步深入研究森林生态系统碳循环，为合理评价土壤质量和土壤健康、正确认识森林土壤固碳能力提供基础依据。

1.4.2.3 土壤呼吸观测场

依据《森林生态系统长期定位观测研究站建设规范》(GB/T 40053—2021）中 6.3 对于森林生态系统土壤有机碳储量观测场建设要求，在观测区选择荆条林中未经人为扰动的区域建立土壤呼吸观测场，面积为 20 米 × 20 米，坡度小于 5°，随机布设 2 个土壤呼吸观测点，配备 LI-8100 土壤碳通量测量系统，对土壤总呼吸进行连续观测。

1.4.3 森林生态系统气象要素观测场

1.4.3.1 标准地面气象观测场

依据《森林生态系统长期定位观测研究站建设规范》(GB/T 40053—2021）中 7.1 对于森林生态系统标准地面气象观测场建设要求，在观测区选择四周空旷平坦区域建立面积为 25 米 × 25 米气象场，四周设立明确的标志和 1.2 米高的稀疏围栏，围栏门开在北面，场地种有 15 厘米高的均匀草层，用水泥板铺设一条 50 厘米宽小路，安装避雷针，将观测场仪器设备放置在直击雷防护区内，观测场内各部件的布设和安装按照《森林生态系统长期定位观测方法》(GB/T 33027—2016）中 6.1 对于常规气象观测要求执行，对风、光、湿、气压、降水等常规气象因子进行系统、连续观测，了解典型区域气象因子变化规律，揭示影响森林植被生长发育的关键气象因子，为研究森林对气候响应提供基础数据。

1.4.3.2 小气候梯度观测场

依据《森林生态系统长期定位观测研究站建设规范》（GB/T 40053—2021）中 7.2 对于森林生态系统小气候梯度观测场建设要求，在观测区的刺槐林中，建立 1 座小气候梯度观测塔，塔高 15 米，高出林冠层 5 米以上。在塔身冠层上 3 米、冠层中部、距地面 1.5 米和地被层处装配伸臂和支架，分层布设风向、风速、空气温湿度和辐射传感器。长期、连续、定位观测森林生态系统典型区域不同梯度风、温、光、湿、气压、降水等气象因子，了解林内气候因子梯度分布特征，揭示小气候梯度形成过程中的特征及其变化规律，为研究下垫面的小气候效应及其对森林生态系统的影响提供数据支持。

参照《森林生态系统长期定位观测研究站建设规范》（GB/T 40053—2021）中 7.2 对于森林生态系统小气候梯度观测场建设要求，在河北太行山区自南向北在邯郸涉县，邢台紫金山，石家庄杨庄、灵寿，保定走马驿和张家口塞北，选取典型森林生态系统类型（油松林、栎类混交林、落叶松林、黄栌林、荆条灌丛等），布设小型 4G 气象站，配备风向、风速、空气温湿度和辐射传感器，长期、连续、定位观测不同纬度典型森林生态系统的风、温、光、湿、气压、降水等气象因子，了解林内气候因子在不同森林类型差异，揭示各种类型森林小气候形成过程中的特征及其变化规律，为研究森林小气候提供数据支持。

1.4.4 森林生态系统生物要素观测场

1.4.4.1 长期固定样地观测场

依据《森林生态系统长期定位观测研究站建设规范》（GB/T 40053—2021）中 8.1 对于森林生态系统长期固定样地观测场建设要求，选取太行山区典型观测森林生态系统类型（刺槐林、油松林、枣树林、黄栌林、核桃林、荆条林、石榴林、栎类混交林），建立 8 个面积为 1 公顷的常规固定监测样地，每个样地内设置 3 个 5 米 × 5 米的灌木样方和 5 个 1 米 × 1 米的草本样方；2017 年将其中的刺槐人工林固定监测样地扩建为 6 公顷的森林生态系统动态观测大样地，划分为 150 个 20 米 × 20 米的亚样方，对每个亚样方内胸径⩾ 1 厘米木本植物（乔木、灌木、木质藤本）分别定位，胸径＜ 5 厘米的立木，用铜丝将标识牌拴在 1.6 米处，胸径⩾ 5 厘米的立木，用不锈钢钉将标识牌钉在相同的位置；在太行山、燕山和坝上地区，采用机械网格法，建立了由 129 个 25 米 ×25 米的固定监测样地，组成了 12 条垂直生态样带。依据《森林生态系统长期定位观测方法》（GB/T 33027—2016）中 7.1.3.5 规定的长期固定样地观测方法，首先对样地植物群落名称、郁闭度、地形地貌、水分状况等基本情况进行观测，随后对乔木层胸径⩾ 1.0 厘米的各类树种的胸径、树高、冠幅、枝下高进行逐一测定，按样方观测郁闭度，计算树高胸径；灌木层记录种名、株数、株高和盖度；草本层调查种类、数量、高度、多度和盖度。获取森林生态系统结构参数的样地观测数据，为森林生态系统水文、土壤、气候等观测提供背景资料。同时，揭示森林生态系统生物群落的动态变化规律，为深入研究森林生态系统的结构与功能、森林可持续利用的途径和方法提供数据服务。

1.4.4.2 物候观测场

依据《森林生态系统长期定位观测研究站建设规范》(GB/T 40053—2021) 中 8.1 对于森林生态系统物候观测场建设要求，在建立的 8 个常规固定监测样地（参照 1.4.4.1）中，采用《森林生态系统长期定位观测方法》(GB/T 33027—2016) 中 7.2.3 规定的植物物候观测方法，使用高清摄像头、望远镜、高枝剪、数码相机等设备，对群落建群种进行物候观测，包括芽膨大开始期、芽开放期、展叶期、花蕾或花序出现期、开花期、果实或种子成熟期、果实或种子脱落期、叶变色期和落叶期。探索植物生长发育的节律及其对周围环境的相互关系，了解气候变化对植物生长周期的影响。根据长期观察资料进行物候历的编制，为森林生态系统的生产和经营提供科学依据。

1.4.4.3 凋落物观测场

依据《森林生态系统长期定位观测研究站建设规范》(GB/T 40053—2021) 中 8.4 对于森林生态系统凋落物观测场建设要求，在建立的 8 个常规固定监测样地（参照 1.4.4.1）中，采用《森林生态系统长期定位观测方法》(GB/T 33027—2016) 中 7.4.3 规定的凋落物观测方法，每个样地内布设 5 个用孔径 1.0 毫米尼龙网做成的 1 米 × 1 米 × 0.25 米的收集器，每月收集 1 次，按照叶片、枝条、繁殖器官、树皮、杂物 5 种进行分类，带回实验室烘干后，测定每种组分单位面积的凋落物干重。基于上述观测，获取年凋落物量的准确数据，掌握凋落物规律，为研究森林土壤有机质的形成和养分释放速率、测算森林生态系统的生物量和生产力奠定基础。

1.4.5 森林生态系统调控环境空气质量观测场

依据《森林生态系统长期定位观测研究站建设规范》(GB/T 40053—2021) 中 9.3 对于森林生态系统调控环境空气质量观测场建设要求，在刺槐林长期固定观测大样地中，配置了 JXCT-30025 监测仪和 JXCT-30024 负氧离子监测仪，长期、连续、定位观测森林大气中 $PM_{2.5}$、PM_{10}、负氧离子等森林调控环境质量指标，为揭示森林生态系统对大气净化机制提供基础数据，服务于太行山区生态系统功能评价。

1.4.6 河北太行山站支撑条件

河北太行山站现有直接用于试验示范的土地 3750 亩*。其中，具有自主支配权的土地 1355 亩（主站点征购 25 亩，50 年租赁 730 亩；涞源县观测点 100 亩，灵寿县观测点 100 亩，

* 1亩=0.067公顷

赞皇县观测点200亩，邢台县观测点100亩，涉县观测点100亩）。主站点站内占地25亩，有综合实验室1个，使用面积800平方米，包括土壤实验室、植物实验室和标本室等，支撑野外采集样品的粗处理和部分指标的现场测定。此外，有综合办公楼1座，使用面积1200平方米，设有40个标准间和2个会议室、1个学术报告厅，1个餐厅，室内水、电、暖、空调等设施齐全，站内开通了ADSL宽带上网，所有房间都装有宽带网接口和电视接口，方便与外界的联络与沟通，能为科技人员和客座人员提供良好的工作和生活条件，可同时满足80余名科研人员来站工作（图1-5至图1-10）。

图1-5 河北太行山站主站点鸟瞰图

图1-6 河北太行山站院内风景图

图1-7 河北太行山站会议室

图1-8 河北太行山站学术报告厅

图1-9 河北太行山站实验室

图1-10 河北太行山站宿舍

1.5 观测仪器设备情况

河北太行山站根据《森林生态系统长期定位观测方法》(GB/T 33027—2016)，配备完整、规范的森林生态系统水文、土壤、气象、生物和其他要素的观测仪器设备，能够满足《森林生态系统长期定位观测指标体系》(GB/T 35377—2017) 中规定指标的观测要求。目前，仪器设备运行良好，使用率达 100%，并实施使用登记制度和分专业专人管理维护制度，见表 1-2。

表 1-2　河北太行山站观测场地的仪器设备

类别	仪器名称	规格型号	数量	用途
水文要素	翻斗式数字自计雨量计	TE525MM	17个	用于测定降水总量、降水历时、降水强度等
	树干液流观测系统	ENVI-data	1套（探针6个）	测定树干液流量及速度
	数据采集器	CR800，CR1000	8个	与各种传感器配合使用，进行数据的采集和储存
	压力式水位自动观测仪	B5-3380	3套	用于监测浅层地下水的动态变化
	水位传感器	HOBO	20个	用于测定坡面地表径流量
	大型称重式蒸渗仪群	QYZS-ZC	1群	用于测定植被蒸散量
	小型自动称重系统	自制	1群	用于测定植被蒸散量
	水面蒸发自动测定系统	DF-XZF	1套	测定水面蒸发
	便携式电导率测试仪	240	2台	水温、pH值、电导率（EC）
	水质自动测试仪	JC-8000H	1台	用于常规水质分析
土壤要素	TDR土壤水分测试仪	MP-917	主机1套 探头12根	用于测定土壤水分含量
	土壤水收集器	S-2	10套	用于土壤水的采样
	土壤水势传感器	DSL-3	23个	用于测定土壤水势及其在垂直剖面上的时空变化规律
	土壤水分传感器	Campbell CS616	23个	用于测定土壤体积含水量及其在垂直剖面上的时空变化规律
	环刀、铝盒	国产	若干	用于测定土壤容重及含水量
	LI-8100土壤碳通量测量系统	LI-COR	1套	用于土壤呼吸测定
气象要素	人工常规观测系统	DynaMet	1套	用于气温、湿度、土壤温度、降水及水面蒸发的观测
	空气动力学自动观测系统	Campbell	1套	用于测定农田或林地的蒸散量及能量平衡关系
	14通道小气候自动监测系统	自制	1套	可以对小气候进行长期自动监测
	小型气象站	Watchdog 2900ET	2套	用于观测坡地小气候
	自记温度计	Onset	20个	用于自动测定土壤、空气、水的温度

（续）

类别	仪器名称	规格型号	数量	用途
生物要素	冠层分析仪	AccuPAR	1台	用于测量PAR（光合有效辐射）及叶面积指数
	LI-6400XT便携式光合作用测量系统	LI-6400XT	1台	测定植物光合作用
	全站仪	VC872L	1台	植被固定样地布设
	年轮分析仪	LA-S	1套	测定年轮宽度
	高清摄像头	JSW-3301	10个	物候观测
	数码相机	Canon EOS	1台	物候观测
其他要素	森林环境空气质量监测系统	JXCT-30025	1套	测定负氧离子浓度
	空气颗粒物监测仪	JXCT-30024	1套	测定$PM_{2.5}$、PM_{10}等

1.6 观测场编码情况

为方便数据管理使用，河北太行山站基于各观测场的观测内容，对观测场进行了统一编码，编码情况见表 1-3。

表 1-3　河北太行山站主要观测场编码情况一览表

序号	观测场名称	观测场编码	纬度（N）	经度（E）	观测指标
1	刺槐次生林综合观测场	THSDFZ01	37°54′16″	114°14′45″	降水、林分蒸散、地表径流、土壤水分、土壤物理性质、土壤化学性质、土壤有机碳、森林小气候梯度、森林群落主要成分、群落生物量、植被碳储量、物候、凋落物、森林调控环境空气质量

（续）

序号	观测场名称	观测场编码	纬度（N）	经度（E）	观测指标
2	核桃人工林综合观测场	THSDFZ02	37°54′16″	114°14′59″	林分蒸散、土壤物理性质、土壤化学性质、森林群落主要成分、群落生物量、植被碳储量、物候
3	石榴人工林综合观测场	THSDFZ03	37°54′16″	114°15′4″	
4	枣树人工林综合观测场	THSDFZ04	37°35′57″	114°19′46″	
5	栎类混交次生林综合观测场	THSDFZ05	38°43′11″	113°51′41″	林分蒸散、土壤物理性质、土壤化学性质、土壤有机碳、森林群落主要成分、群落生物量、植被碳储量、群落生物量、植被碳储量、物候
6	黄栌次生林综合观测场	THSDFZ06	38°2′18″	113°52′52″	
7	荆条次生灌丛综合观测场	THSDFZ07	37°54′13″	114°14′58″	林分蒸散、土壤物理性质、土壤化学性质、土壤有机碳、土壤呼吸、森林群落主要成分、群落生物量、植被碳储量、物候
8	油松人工林综合观测场	THSDFZ08	38°39′46″	113°51′36″	林分蒸散、土壤物理性质、土壤化学性质、土壤有机碳、森林群落主要成分、群落生物量、植被碳储量、物候
9	小流域集水区综合观测场	THSDFZ010	37°54′13″	114°14′58″	降水量、降水强度、坡面径流量、小流域流量、地下水水位、水质

（续）

序号	观测场名称		观测场编码	纬度（N）	经度（E）	观测指标
10	常规气象要素综合观测场		THSDQX01	37°54′13″	114°14′58″	气压、风速、风向、空气温湿度、土壤温湿度、辐射、降水量、水面蒸发量、降水水质
11	一站多点森林小气候观测场	涉县观测点	THSDCGQX01	36°39′50″	113°46′49″	气压、风速、风向、空气温湿度
		邢台观测点	THSDCGQX02	37°1′39″	113°46′53″	
		井陉观测点	THSDCGQX03	38°12′23″	114°1′45″	
		涞源观测点	THSDCGQX04	39°7′49″	114°34′8″	
		塞北观测点	THSDCGQX05	41°52′43″	115°44′15″	
12	垂直生态样带群观测场	南1	THSDYD01	38°1′24″～38°59′54″	113°52′52″～113°57′42″	土壤化学性质、森林群落主要成分
		南2	THSDYD02	37°34′22″～37°39′23″	114°7′45″～114°17′59″	
		南3	THSDYD03	36°38′22″～36°41′11″	113°34′56.5″～114°20′23″	
		南4	THSDYD04	37°11′18″～37°16′46″	113°54′48.1″～114°20′23″	
		南5	THSDYD05	39°20′03″～39°25′31″	114°29′12″～115°18′04″	
		南6	THSDYD06	38°44′54″～38°49′09″	113°50′40″～114°36′57″	
		西1	THSDYD07	38°46′36″～39°53′43″	113°52′35″～115°6′52″	
		西2	THSDYD08	40°0′41″～40°58′39″	114°26′06″～115°54′01″	
		西3	THSDYD09	40°20′53″～41°7′45″	115°32′23″～116°8′44″	
		西4	THSDYD10	40°35′03″～41°6′20.3″	116°14′10″～117°9′57.8″	
		西5	THSDYD11	40°11′15″～41°51′16″	117°1′30″～118°9′07″	
		西6	THSDYD12	40°14′21″～42°6′34″	117°28′20″～119°8′27″	

注：垂直生态样带群观测场各观测点详细坐标见附表4。

第二章

河北太行山站森林水文要素数据集

河北太行山站在小流域集水区综合观测场、常规气象要素综合观测场、刺槐次生林、核桃人工林、石榴人工林、枣树人工林、栎类混交次生林、黄栌次生林、荆条次生灌丛、油松人工林综合观测场，对《森林生态系统长期定位观测指标体系》(GB/T 35377—2017) 中 3.1 节规定的森林水文要素观测指标进行观测，汇总整理后形成森林水文要素数据集。具体观测指标、频度和时间见表 2-1。

表 2-1　河北太行山站森林水文要素观测指标

指标类别	观测指标	单位	观测频度
水量	降水量	毫米	每次降水时观测
	降水强度		
	坡面径流量		
	蒸散量		连续观测
	地下水位	米	每月1次
水质	pH		
	Ca^{2+}、Mg^{2+}、K^{+}、Na^{+}、HCO_3^-、Cl^-、SO_4^{2-}、NO_3^-	毫克/立方分米	
	电导率	微西门/厘米	
	矿化度	毫克/升	
	非溶性物质	毫克/升	

2.1 水量空间分配格局观测数据集

2.1.1 概　述

本数据集为河北太行山站水量空间分配格局观测场 2013—2021 年水量空间分配格局（降水量、降水强度、坡面径流量）数据集。其中，坡面径流量数据包括次生林综合观测场、荆条次生灌丛综合观测场坡面径流数据。观测频率为每次降水时观测，数据集列出有坡面径流产生的降水事件的水量空间分配格局数据。

2.1.2 数据采集和处理方法

参照《森林生态系统长期定位观测方法》（GB 33027—2016）中 4.2.3，采用自动记录雨量计（日记、月记等）测定降水量，统计次降水量和降水强度；坡面径流量数据通过 5 米 × 20 米坡面径流小区连接自记翻斗流量计采集，观测频率为每次降水时观测。采集流量数据参照《森林生态系统长期定位观测方法》（GB 33027—2016）中 4.3.4 进行处理分析，形成坡面径流深度数据产品。计算公式如下：

$$R = Q \times T_t \times 10^3 / F \tag{2-1}$$

式中：R——地表（坡面）径流深度（毫米）；

Q——时段内的平均流量（立方米/秒）；

T_t——时段长（秒）；

F——径流小区面积（平方米）。

2.1.3 数据质量控制和评估

定期采集降水和坡面径流数据，应经常校核仪器，及时消除误差，由观测记录绘制地表径流动态变化及主要影响因素项目的综合曲线，随时进行对照分析。

2.1.4 数 据

小流域集水区综合观测场水量空间分配格局见表 2-2。

表 2-2 小流域集水区综合观测场水量空间分配格局

年份	月份	降水量（毫米）	降水强度（毫米/小时）	坡面径流量（毫米）	
				荆条	刺槐
2013	6	9.40	3.75	0.18	0.21
	7	49.27	4.06	0.62	0.57
	7	18.29	7.37	0.53	0.08
	8	13.71	5.97	0.27	1.99
	8	10.16	3.56	0.22	0.04
	8	16.76	6.35	0.50	0.45
	9	15.50	10.67	0.38	0.15
2014	4	3.81	5.33	0.03	0.00
	7	10.67	6.01	0.25	1.87
	8	5.84	6.35	0.10	0.00

（续）

年份	月份	降水量（毫米）	降水强度（毫米/小时）	坡面径流量（毫米）	
				荆条	刺槐
2015	5	28.19	3.51	0.98	0.88
	8	42.92	10.67	1.39	1.19
	8	16.76	3.56	0.38	0.24
2016	6	10.67	4.77	0.31	0.22
	7	15.75	11.43	0.39	0.57
	7	56.40	4.42	1.97	1.88
	7	3.30	6.10	0.02	0.00
	8	23.12	3.18	0.34	0.20
	8	11.43	8.07	0.33	1.58
	8	9.91	3.94	0.19	0.04
	8	12.70	6.48	0.24	0.65
	8	385.59	16.76	20.14	18.81
	8	61.99	3.87	2.03	1.94
	9	10.67	4.19	0.23	0.31
	10	34.29	6.19	1.26	1.13
	10	15.49	5.08	0.12	0.00
	11	5.08	3.15	0.06	0.00
2017	2	5.08	3.35	0.08	0.00
	5	9.40	5.08	0.17	0.00
	6	13.72	3.10	0.38	2.02
	7	38.34	6.38	1.51	1.34
	7	21.08	8.13	0.31	0.03
	8	10.67	2.74	0.29	1.21
	8	12.95	11.43	0.28	0.20
	8	33.78	2.82	1.18	1.06
	8	30.98	4.55	1.07	0.94
	10	36.32	3.81	0.03	0.00
2018	8	19.04	10.33	0.57	1.72
	8	47.76	3.08	1.96	1.72
	8	15.75	5.84	0.35	0.00
	8	36.57	4.06	0.38	0.00
	10	7.60	5.33	0.15	0.36
2019	6	5.84	3.51	0.12	0.00
	7	8.13	10.67	0.15	0.24
	7	7.11	3.13	0.01	0.00
	7	51.06	11.26	1.64	1.48
	8	72.64	9.59	2.97	2.68
2020	5	7.11	9.40	0.13	0.10

（续）

年份	月份	降水量（毫米）	降水强度（毫米/小时）	坡面径流量（毫米）	
				荆条	刺槐
2020	5	4.06	5.72	0.06	0.00
	6	33.53	6.29	1.21	1.07
	6	35.81	7.45	1.24	1.09
	7	11.43	4.57	0.26	2.51
	7	6.35	5.84	0.14	0.00
	7	12.70	16.76	0.27	0.48
	8	42.68	9.40	1.64	1.44
	8	73.66	3.81	2.13	0.02
	8	6.10	9.23	0.13	0.00
	8	44.96	3.39	0.51	0.45
	8	27.68	3.90	0.79	0.68
	9	18.03	3.30	0.62	0.32
2021	6	4.06	4.23	0.07	0.00
	7	14.74	3.03	0.54	0.67
	7	22.35	3.05	0.75	0.29
	7	44.20	6.86	1.42	1.24
	7	138.42	9.48	6.78	6.71
	7	68.07	14.10	2.47	2.41
	7	28.44	9.55	1.04	0.91
	8	3.56	4.96	0.12	0.08
	9	54.61	4.57	1.88	1.86
	9	65.79	3.30	0.71	0.89
	10	67.56	3.56	0.34	0.31

2.2 林分蒸散数据集

2.2.1 概　述

本数据集为河北太行山站刺槐次生林、核桃人工林、石榴人工林、枣树人工林、栎类混交次生林、黄栌次生林、荆条次生灌丛、油松人工林综合观测场 2017—2021 年林分蒸散量数据集。

2.2.2 数据采集和处理方法

蒸散量数据采集参照《森林生态系统长期定位观测方法》（GB 33027—2016）中 4.1.3.4，采用蒸渗仪测定土柱重量变化，观测频率为连续观测。采集蒸渗仪重量数据参照《森林生态系统长期定位观测方法》（GB 33027—2016）中 4.1.4 进行处理分析，计算日蒸散量，将日蒸散量数据累加形成月数据产品。具体计算公式如下：

$$\Delta S=(W_4-W_3)\times 1000/A \tag{2-2}$$

式中：ΔS——蒸散量（毫米）；

W_4——终点时间的柱体重量（克）；

W_3——开始时间的柱体重量（克）；

A——蒸渗仪面积（平方毫米）。

2.2.3 数据质量控制和评估

定期采集数据，应经常校核仪器，及时消除误差，由观测记录绘制蒸散量动态变化及主要影响因素项目的综合曲线，随时进行对照分析。

2.2.4 数　据

森林综合观测场林分蒸散量见表 2-3。

表 2-3　森林综合观测场林分蒸散量

年份	月份	林分蒸散量（毫米）							
		侧柏林	油松林	刺槐林	核桃林	石榴林	蒙古栎林	荆条灌丛	黄栌林
2017	1	1.2	2.5	1.0	0.8	0.6	0.4	0.4	1.3
	2	0.7	1.0	2.3	1.2	1.1	1.0	1.2	4.6
	3	10.7	11.2	1.8	2.3	1.7	3.5	1.2	1.1
	4	27.2	30.3	29.5	22.6	20.4	32.0	15.0	8.7
	5	21.3	27.6	36.5	44.4	29.9	32.9	41.3	36.1
	6	27.4	35.5	36.9	53.8	36.1	32.4	33.1	27.9
	7	54.6	73.9	96.7	108.5	71.6	91.6	86.3	88.7
	8	80.7	84.3	110.4	129.8	90.9	124.8	89.5	106.0
	9	61.3	60.0	59.2	70.3	56.3	69.4	50.2	58.2
	10	38.2	28.9	24.7	20.0	10.1	34.1	26.9	27.2
	11	7.6	5.9	0.7	1.2	0.6	6.2	0.5	0.8
	12	2.1	3.8	0.2	0.7	0.2	2.0	0.1	0.2
2018	1	1.2	1.7	1.0	0.7	0.6	0.3	0.3	1.2
	2	0.7	0.5	1.1	0.6	0.5	0.9	0.7	1.1
	3	14.2	16.3	1.7	3.1	2.5	3.4	1.3	2.6
	4	37.1	33.1	30.4	24.6	24.7	23.2	10.3	10.5
	5	30.2	27.1	34.4	58.3	40.4	47.6	46.8	34.5
	6	38.5	45.2	51.9	43.6	40.9	43.4	35.7	32.1
	7	41.3	65.7	63.1	74.3	62.7	68.8	54.0	44.5
	8	83.4	75.5	113.9	112.4	70.7	101.6	92.9	81.3
	9	58.4	52.1	57.2	57.8	60.6	52.5	44.6	55.0
	10	15.7	9.1	14.2	8.6	10.0	28.0	10.6	25.0

（续）

年份	月份	林分蒸散量（毫米）							
		侧柏林	油松林	刺槐林	核桃林	石榴林	蒙古栎林	荆条灌丛	黄栌林
2018	11	6.8	5.0	0.6	1.0	3.7	5.1	0.5	0.7
	12	5.6	3.8	0.2	0.6	0.2	1.8	0.1	0.2
2019	1	5.0	4.0	2.1	2.1	2.0	2.0	1.1	1.4
	2	5.7	5.9	2.8	2.3	1.4	2.5	2.3	4.2
	3	6.6	9.1	1.9	6.4	12.8	4.6	9.4	7.7
	4	39.9	30.9	7.6	10.1	12.1	10.3	12.8	8.5
	5	30.5	28.3	35.3	40.0	31.5	27.7	27.1	26.2
	6	49.5	55.8	63.3	63.7	60.7	54.7	46.5	59.9
	7	71.6	87.2	94.3	89.5	82.8	80.5	64.5	76.4
	8	114.2	117.3	114.4	112.9	111.9	111.9	84.7	101.8
	9	59.7	53.3	59.1	59.6	61.3	63.0	45.3	55.2
	10	16.3	10.4	15.8	9.4	10.1	28.3	11.4	36.7
	11	7.9	5.3	1.0	2.7	5.3	6.5	1.9	2.4
	12	7.5	4.1	1.1	0.9	1.1	3.4	1.8	1.0
2020	1	2.2	3.1	0.2	0.5	0.6	0.4	0.4	0.2
	2	5.6	5.2	2.5	1.3	1.2	1.1	1.4	5.0
	3	13.4	15.6	6.9	8.2	12.4	5.3	9.5	8.6
	4	30.7	36.7	20.5	21.7	21.4	22.9	11.9	14.7
	5	35.3	32.0	38.0	46.9	31.3	36.0	34.6	29.1
	6	48.2	51.5	70.6	84.2	54.6	72.6	53.5	59.7
	7	52.9	55.8	82.2	87.5	56.9	86.9	62.2	74.9
	8	108.1	113.5	138.1	143.6	109.9	138.2	86.5	110.4
	9	97.5	84.6	86.3	99.2	72.8	77.2	58.6	68.4
	10	39.6	29.5	26.7	10.4	11.3	37.1	14.8	42.6
	11	8.5	5.7	0.7	1.4	4.0	6.8	0.6	0.9
	12	6.5	4.3	0.2	0.7	0.2	2.2	0.1	0.2
2021	1	2.1	2.2	1.1	0.9	0.6	0.4	0.4	0.3
	2	5.3	5.1	2.5	1.3	1.1	1.1	1.3	0.8
	3	30.6	32.8	5.9	7.8	5.6	4.3	7.4	2.1
	4	27.8	31.2	28.6	21.7	10.8	22.9	10.1	9.5
	5	33.5	30.1	37.8	46.5	20.9	35.1	34.1	27.2
	6	40.6	50.1	62.4	60.7	51.3	47.7	39.3	66.4
	7	139.6	138.7	152.7	160.5	116.3	161.9	122.1	130.6
	8	72.3	80.6	124.5	126.8	109.3	138.7	95.0	97.5
	9	90.4	102.1	123.9	139.3	80.7	106.5	105.9	101.3
	10	78.2	62.3	52.1	70.4	60.7	95.8	73.8	69.8
	11	7.9	5.5	0.7	1.3	3.8	6.5	0.6	0.8
	12	6.4	4.2	0.2	0.7	0.2	2.2	0.1	0.2

2.3 地下水水位数据集

2.3.1 概 述

本数据集为河北太行山站小流域集水区综合观测场 2013—2021 年地下水位逐月观测数据集。

2.3.2 数据采集和处理方法

地下水位数据采集参照《森林生态系统长期定位观测方法》(GB 33027—2016) 中 4.3.3.6，将自记水位计放入测井，直至没入地下水面，设置数据采集间隔为 1 天，连续监测地下水埋深变化，测定监测点高程（345.74 米），计算地下水水位日数据，将月平均数据作为本数据产品的结果数据。

2.3.3 数据质量控制和评估

认真地检查、校对地下水水位观测记录，由观测记录绘制地下水文动态变化及主要影响因素项目的综合曲线，随时进行对照分析。

2.3.4 数 据

小流域集水区综合观测场地下水水位数据见表 2-4。

表 2-4 小流域集水区综合观测场地下水水位

年份	月份	地下水埋深（米）	地下水水位（米）
2013	1	6.10	339.64
	2	6.19	339.55
	3	7.68	338.06
	4	7.87	337.87
	5	7.70	338.04
	6	7.92	337.82
	7	6.42	339.32
	8	5.50	340.24
	9	6.62	339.12
	10	6.44	339.30
	11	6.51	339.23
	12	7.93	337.81
2014	1	8.96	336.78
	2	7.54	338.20
	3	9.23	336.51
	4	8.78	336.96
	5	8.43	337.31
	6	9.62	336.12

（续）

年份	月份	地下水埋深（米）	地下水水位（米）
2014	7	8.76	336.98
	8	9.23	336.51
	9	8.45	337.29
	10	8.19	337.55
	11	9.20	336.54
	12	11.33	334.41
2015	1	8.96	336.78
	2	8.89	336.85
	3	10.78	334.96
	4	9.70	336.04
	5	9.16	336.58
	6	7.83	337.91
	7	6.22	339.52
	8	5.15	340.59
	9	4.93	340.81
	10	4.70	341.04
	11	4.66	341.08
	12	4.53	341.21
2016	1	4.53	341.21
	2	4.60	341.14
	3	4.64	341.10
	4	4.21	341.53
	5	4.02	341.72
	6	4.49	341.25
	7	3.27	342.47
	8	3.22	342.52
	9	5.08	340.66
	10	5.92	339.82
	11	6.03	339.71
	12	6.22	339.52
2017	1	6.27	339.47
	2	6.34	339.40
	3	6.45	339.29
	4	6.63	339.11
	5	7.18	338.56
	6	8.30	337.44
	7	8.85	336.89
	8	7.83	337.91
	9	6.67	339.07
	10	5.75	339.99
	11	5.47	340.27

（续）

年份	月份	地下水埋深（米）	地下水水位（米）
2017	12	6.20	339.54
2018	1	6.45	339.29
	2	6.52	339.22
	3	6.88	338.86
	4	7.04	338.70
	5	6.82	338.92
	6	7.40	338.34
	7	7.41	338.33
	8	7.92	337.82
	9	6.40	339.34
	10	6.60	339.14
	11	7.87	337.87
	12	7.03	338.71
2019	1	7.31	338.43
	2	7.04	338.70
	3	6.99	338.75
	4	7.20	338.54
	5	6.57	339.17
	6	6.50	339.24
	7	6.23	339.51
	8	7.85	337.89
	9	8.09	337.65
	10	7.12	338.62
	11	6.98	338.76
	12	7.13	338.61
2020	1	7.38	338.36
	2	7.16	338.58
	3	7.07	338.67
	4	7.24	338.50
	5	7.30	338.44
	6	7.43	338.31
	7	7.55	338.19
	8	7.36	338.38
	9	7.22	338.52
	10	7.04	338.70
	11	6.87	338.87
	12	6.56	339.18
2021	1	6.46	339.28
	2	6.58	339.16
	3	6.71	339.03
	4	6.96	338.78

（续）

年份	月份	地下水埋深（米）	地下水水位（米）
2021	5	7.15	338.59
	6	7.80	337.94
	7	5.94	339.80
	8	3.74	342.00
	9	3.35	342.39
	10	1.42	344.32
	11	3.31	342.43
	12	5.04	340.70

2.4 降水水质数据集

2.4.1 概　述

本数据集为河北太行山站小流域集水区综合观测场 2017—2021 年降水水质（pH 值、矿化度、SO_4^{2-}、非溶性物质总含量和电导率）逐月观测数据。由于每月降水不均匀导致一些月份没有降水水质数据，用“—”表示。

2.4.2 数据采集和处理方法

降水水质数据采集参照《森林生态系统长期定位观测方法》(GB 33027—2016) 中 4.4.4.4，在距林缘 1.5 ～ 2.0 倍树高的综合气象场布设采样容器，采样容器距地面 ≥ 70 厘米，待降水时接收水样，每次降水之后都会进行人工收集，按月进行混合，带回实验室，用离子分析仪测定，观测频率为每月 1 次。

2.4.3 数据质量控制和评估

对分析仪器进行定期校准；上机时设置空白样检查；对测定数据进行检查整理，通过分析数据序列特征及其最大值和最小值，判断数据的合理性，对异常数据进行剔除，必要时对备用样品进行再次测定。

2.4.4 数　据

小流域集水区综合观测场降水水质数据见表 2-5。

表 2-5　小流域集水区综合观测场降水水质

年份	月份	pH值	矿化度（毫克/升）	SO_4^{2-}（毫克/升）	非溶性物质总含量（毫克/升）	电导率（微西门/厘米）
2017	1	—	—	—	—	—
	2	—	—	—	—	—

（续）

年份	月份	pH值	矿化度（毫克/升）	SO_4^{2-}（毫克/升）	非溶性物质总含量（毫克/升）	电导率（微西门/厘米）
2017	3	8.1	36.7	7.2	330.9	68
	4	8.9	39.1	6.1	8.5	60
	5	7.2	98.5	19.7	43.3	150
	6	7.8	31.8	8.3	55.0	60
	7	8.3	38.3	6.7	176.6	60
	8	8.6	55.9	11.2	5.3	80
	9	8.3	45.1	10.5	41.8	60
	10	7.3	44.4	18.9	38.0	70
	11	—	—	—	—	—
	12	—	—	—	—	—
2018	1	7.1	92.5	30.3	118.0	150
	2	9.0	189.2	51.7	33.3	290
	3	8.2	36.8	7.3	334.9	70
	4	—	—	—	—	—
	5	8.3	59.8	14.5	21.5	100
	6	7.9	100.7	24.2	2.2	160
	7	8.6	46.9	11.6	83.5	70
	8	7.3	61.7	11.8	106.6	90
	9	8.7	49.2	8.7	100.2	70
	10	6.8	44.2	12.9	26.9	70
	11	—	—	—	—	—
	12	—	—	—	—	—
2019	1	—	—	—	—	—
	2	—	—	—	—	—
	3	6.7	207.9	92.7	62.1	310
	4	6.8	109.7	26.7	132.5	170
	5	7.3	89.8	21.9	191.0	160
	6	6.9	55.8	5.6	136.7	90
	7	7.1	103.0	0.7	188.6	150
	8	7.3	63.4	11.0	22.4	100
	9	7.4	67.3	15.2	93.1	110
	10	7.1	125.5	31.0	94.2	190
	11	7.6	120.7	31.2	73.2	190
	12	—	—	—	—	—
2020	1	—	—	—	—	—
	2	9.0	132.4	61.8	35.6	190
	3	—	—	—	—	—
	4	—	—	—	—	—
	5	8.0	54.3	16.1	392.2	90
	6	8.4	80.8	22.9	136.5	120
	7	8.2	46.5	11.7	35.2	70

（续）

年份	月份	pH值	矿化度（毫克/升）	SO_4^{2-}（毫克/升）	非溶性物质总含量（毫克/升）	电导率（微西门/厘米）
2020	8	8.8	48.1	11.9	129.6	70
	9	7.5	73.4	19.0	16.6	110
	10	6.8	123.4	281.1	103.5	180
	11	—	—	—	—	—
	12	—	—	—	—	—
2021	1	—	—	—	—	—
	2	—	—	—	—	—
	3	6.8	117.9	28.2	32.9	190
	4	6.6	77.3	18.3	391.2	120
	5	6.5	193.0	48.2	135.5	300
	6	6.3	100.3	21.6	33.0	160
	7	6.5	56.5	10.4	130.1	90
	8	6.6	47.6	11.4	15.5	70
	9	6.6	157.0	40.9	103.4	240
	10	6.8	38.5	10.1	99.6	70
	11	—	—	—	—	—
	12	—	—	—	—	—

2.5 地下水水质数据集

2.5.1 概　述

本数据集为河北太行山站小流域集水区综合观测场 2021 年地下水水质（pH、Ca^{2+}、Mg^{2+}、K^+、Na^+、HCO_3^-、Cl^-、SO_4^{2-}、NO_3^-、电导率）逐月观测数据。

2.5.2 数据采集和处理方法

地下水水质数据采集参照《森林生态系统长期定位观测方法》（GB 33027—2016）中 4.4.3.9，在观测井中采样，先抽去停滞水，待新的地下水流入后再行采样。采样后，样品应在现场封闭好，贴好标签，并在 48 小时内送至实验室，用离子分析仪测定，观测频率为每月 1 次。

2.5.3 数据质量控制和评估

对分析仪器进行定期校准；上机时设置空白样检查；对测定数据进行检查整理，通过分析数据序列特征及其最大值和最小值，判断数据的合理性，对异常数据进行剔除，必要时对备用样品进行再次测定。

2.5.4 数　据

小流域集水区综合观测场地下水水质数据见表 2-6。

表 2-6　小流域集水区综合观测场地下水水质

年份	月份	pH值	Ca^{2+}（毫克/立方分米）	Mg^{2+}（毫克/立方分米）	K^{+}（毫克/立方分米）	Na^{+}（毫克/立方分米）	HCO_3^-（毫克/立方分米）	Cl^-（毫克/立方分米）	SO_4^{2-}（毫克/立方分米）	NO_3^-（毫克/立方分米）	电导率（微西门/厘米）
2021	1	7.5	71.2	21.3	—	6.1	198.2	8.2	75.4	24.6	513
	2	7.9	70.6	20.2	—	6.3	203.7	7.8	59.2	22.3	500
	3	7.8	68.6	20.2	—	6.4	208.6	8.0	55.3	23.8	485
	4	7.9	62.4	19.6	—	3.7	202.5	6.7	41.9	20.3	454
	5	7.8	81.1	20.4	—	7.2	198.9	9.7	79.5	29.8	560
	6	7.5	79.5	20.4	—	5.5	202.5	9.3	75.8	28.5	550
	7	7.6	96.2	19.2	—	5.3	195.2	11.7	123.6	41.8	623
	8	7.9	87.1	18.7	2.6	4.9	179.2	6.6	108.4	40.6	613
	9	7.7	88.7	19.2	2.6	5.8	183.7	7.3	113.1	41.7	626
	10	7.6	88.5	19.0	2.4	5.1	199.1	7.9	112.6	40.0	629
	11	7.6	93.2	19.5	2.6	5.2	194.0	7.9	119.4	43.6	633
	12	7.9	68.8	19.1	1.8	4.5	217.1	5.3	67.2	26.0	524

第三章 河北太行山站森林土壤要素数据集

河北太行山站在刺槐次生林、核桃人工林、石榴人工林、枣树人工林、栎类混交次生林、黄栌次生林、荆条次生灌丛、油松人工林综合观测场，以及垂直生态样带群观测场，对《森林生态系统长期定位观测指标体系》（GB/T 35377—2017）中 3.2 节规定的森林土壤要素观测指标进行观测，汇总整理后形成森林土壤要素数据集。具体观测指标、频度和时间见表 3-1。

表 3-1　河北太行山站森林土壤要素观测指标

指标类别	观测指标	单位	观测频度
土壤物理性质	土壤类型	定性描述	连续观测
	土壤质地		
	土壤饱和持水量	毫米	
	土壤田间持水量		
	土壤孔隙度	%	
	容重	克/立方厘米	每5年1次
	颗粒组成	%	
土壤化学性质	土壤有机质	%	
	全氮、水解氮	%，毫克/千克	
	全磷、有效磷		
	全钾、速效钾、缓效钾		
	全锌、有效锌		
	全锰、有效锰		
	pH		
土壤碳密度	土壤有机碳密度	千克/平方米	
土壤呼吸	土壤总呼吸量	克/（平方米·年）	

3.1 土壤物理性质数据集

3.1.1 概　述

本数据集为河北太行山站刺槐次生林、核桃人工林、石榴人工林、枣树人工林、栎类混交次生林、黄栌次生林、荆条次生灌丛、油松人工林综合观测场2016年、2021年不同深度（0～20厘米、20～40厘米、40～60厘米、60～80厘米）土壤物理性质（土壤类型、土壤质地、土壤饱和含水量、土壤田间持水量、土壤孔隙度、容重、颗粒组成）观测数据。不同观测场最大观测深度根据实际土壤深度各有不同。

3.1.2 数据采集和处理方法

土壤物理性质数据采集参照《森林生态系统长期定位观测方法》（GB 33027—2016）中5.1.3，每个样地至少挖3个土壤剖面，先观察土壤剖面类型、质地，然后使用环刀法，自上而下在不同深度取原状土，至少测定3个重复，取平均值作为该分量的最终数据。使用环刀法测定土壤饱和持水量、田间持水量、孔隙度和容重，利用激光粒度仪法测定土壤颗粒组成。计算公式如下：

$$G=M_1/V \tag{3-1}$$

式中：G——土壤容重（克/立方厘米）；

M_1——环刀内烘干土重（克）；

V——环刀体积（立方厘米）。

$$P=G\times 10H\times (M_2-M_1)/M_1 \tag{3-2}$$

式中：P——饱和持水量（毫米）；

M_1——环刀内烘干土重（克）；

M_2——浸润12小时后环刀内湿土重（克）；

H——土层厚度（厘米）。

$$P=G\times 10H\times (M_3-M_1)/M_1 \tag{3-3}$$

式中：P——田间持水量（毫米）；

M_1——环刀内烘干土重（克）；

M_3——浸润12小时，在干砂上搁置2小时后环刀内湿土质量（克）；

H——土层厚度（厘米）。

3.1.3 数据质量控制和评估

根据取样方案，对参与取样的人员进行集中技术培训，并固定采样人员，减少人为误差。室内实验采用标准的测量方法、专业的实验人员进行实验操作。

3.1.4 数　据

森林综合观测场土壤物理性质见表 3-2。

表 3-2　森林综合观测场土壤物理性质

年份	观测场编码	类型	质地	取样层次（厘米）	饱和持水量（毫米）	田间持水量（毫米）	孔隙度（%）	容重（克/立方厘米）	颗粒组成		
									0.05～2毫米（%）	0.002～0.05毫米（%）	<0.002毫米（%）
2016	THSDFZ01	褐土	粉壤土	0～20	93.0	43.2	49.4	1.34	38.94	60.11	0.96
			粉壤土	20～40	93.2	41.4	44.9	1.46	40.84	57.52	1.64
			粉壤土	40～60	93.0	38.0	39.2	1.61	45.71	52.88	1.41
	THSDFZ02	褐土	粉壤土	0～20	94.0	51.4	52.1	1.27	24.46	72.89	2.65
			粉壤土	20～40	94.8	57.8	51.7	1.28	24.23	74.47	1.30
			粉壤土	40～60	94.0	50.8	47.9	1.38	24.71	73.59	1.70
			粉壤土	60～80	94.0	20.6	48.3	1.37	24.95	73.98	1.04
	THSDFZ03	褐土	粉壤土	0～20	93.4	46.6	55.5	1.18	30.62	68.24	1.14
			粉壤土	20～40	93.4	44.8	50.2	1.32	34.26	65.18	0.56
			粉壤土	40～60	93.2	43.0	52.1	1.27	37.86	60.64	1.50
			粉壤土	60～80	93.6	47.2	54.3	1.21	30.16	69.25	0.59
	THSDFZ04	褐土	砂壤土	0～20	93.0	34.8	55.1	1.19	52.01	47.49	0.50
			砂壤土	20～40	93.0	33.2	51.3	1.29	55.48	44.24	0.28
			砂壤土	40～60	93.0	34.4	49.1	1.35	52.62	46.36	1.02
	THSDFZ05	褐土	壤砂土	0～20	93.4	24.8	51.7	1.28	72.60	26.99	0.41
			壤砂土	20～40	93.6	23.8	44.5	1.47	74.37	25.40	0.23
			砂土	40～60	94.6	18.0	47.9	1.38	86.83	13.13	0.04
	THSDFZ06	褐土	粉壤土	0～20	93.0	38.0	51.3	1.29	46.53	52.91	0.56
			粉壤土	20～40	93.0	38.6	45.3	1.45	44.98	54.51	0.51
	THSDFZ07	褐土	粉壤土	0～20	93.0	38.6	53.6	1.23	45.16	53.48	1.36
			粉壤土	20～40	93.0	36.4	49.4	1.34	49.09	49.98	0.92
	THSDFZ08	褐土	粉壤土	0～20	93.4	46.6	48.7	1.36	31.35	66.72	1.93
			粉壤土	20～40	93.2	44.2	37.7	1.65	34.78	63.79	1.09
			粉壤土	40～60	93.2	42.6	42.6	1.52	37.86	60.64	1.50
			砂壤土	60～80	93.0	29.2	44.5	1.47	63.09	36.55	0.36
2021	THSDFZ01	褐土	粉壤土	0～20	93.2	41.4	50.2	1.32	38.21	60.75	1.04
			粉壤土	20～40	93.0	39.8	44.9	1.46	42.69	55.62	1.69
			粉壤土	40～60	93.0	38.0	41.1	1.56	46.01	55.62	1.37
	THSDFZ02	褐土	粉壤土	0～20	94.0	50.8	50.9	1.30	22.93	74.40	2.67
			粉壤土	20～40	93.8	50.2	53.2	1.24	25.96	72.03	2.01
			粉壤土	40～60	93.8	49.6	46.0	1.43	26.15	71.83	2.02
			粉壤土	60～80	94.0	21.0	47.9	1.38	25.34	73.92	0.74
	THSDFZ03	褐土	粉壤土	0～20	93.6	47.8	56.6	1.15	28.50	70.37	1.13
			粉壤土	20～40	93.4	44.8	49.4	1.34	33.89	65.61	0.50
			粉壤土	40～60	93.2	42.0	51.3	1.29	38.53	59.97	1.50
			粉壤土	60～80	93.6	47.8	54.7	1.20	28.61	70.77	0.62

（续）

年份	观测场编码	类型	质地	取样层次（厘米）	饱和持水量（毫米）	田间持水量（毫米）	孔隙度（%）	容重（克/立方厘米）	颗粒组成		
									0.05～2毫米（%）	0.002～0.05毫米（%）	<0.002毫米（%）
2021	THSDFZ04	褐土	砂壤土	0～20	93.0	34.8	54.7	1.20	51.72	47.73	0.55
			砂壤土	20～40	93.0	33.2	52.1	1.27	55.17	44.46	0.37
			砂壤土	40～60	93.0	34.4	47.5	1.39	53.15	45.78	1.07
	THSDFZ05	褐土	壤砂土	0～20	93.6	24.4	52.5	1.26	73.29	26.27	0.44
			壤砂土	20～40	93.6	22.8	44.2	1.48	76.10	23.68	0.22
			砂土	40～60	94.6	17.4	49.1	1.35	87.52	12.46	0.02
	THSDFZ06	褐土	粉壤土	0～20	93.0	38.6	49.8	1.33	44.89	54.59	0.52
			粉壤土	20～40	93.0	38.6	45.3	1.45	45.01	54.56	0.43
	THSDFZ07	褐土	粉壤土	0～20	93.0	38.6	54.7	1.20	45.43	53.14	1.43
			砂壤土	20～40	93.0	36.0	49.1	1.35	48.32	50.84	0.84
	THSDFZ08	褐土	粉壤土	0～20	93.4	45.4	47.5	1.39	32.91	65.10	1.99
			粉壤土	20～40	93.2	43.6	36.2	1.69	36.42	62.56	1.02
			粉壤土	40～60	93.2	42.6	41.9	1.54	38.91	59.49	1.60
			砂壤土	60～80	93.2	28.6	45.3	1.45	61.56	38.07	0.37

3.2 土壤化学性质数据集

3.2.1 概　述

本数据集为河北太行山站刺槐次生林、核桃人工林、石榴人工林、枣树人工林、栎类混交次生林、黄栌次生林、荆条次生灌丛、油松人工林综合观测场 2016 年、2021 年土壤化学性质（土壤有机质、全氮、水解氮、全磷、有效磷、全钾、速效钾、缓效钾、全锌、有效锌、全锰、有效锰、pH）观测数据，以及垂直生态样带群观测场 2019 年土壤化学性质（全氮、全磷、全钾和有机质）观测数据。其中，8 个森林综合观测场最大观测深度根据实际土壤深度各有不同，垂直生态样带群观测场土壤取样深度均为 0 ～ 20 厘米。

3.2.2 数据采集和处理方法

土壤化学性质数据采集参照《森林生态系统长期定位观测方法》（GB 33027—2016）中 5.1.3，每个样地至少挖 3 个土壤剖面，使用环刀法，自上而下在不同深度取原状土，土壤样本带回实验室（24 小时内）测定土壤化学性质。具体测样方法见表 3-3。观测频度为每 5 年 1 次。其中，燕山—太行山样带群采样点样品难以及时送达实验室，仅测定全氮、全磷、全钾和有机质。

表 3-3 土壤化学性质测定方法

序号	指标名称	数据获取方法
1	土壤有机质	重铬酸钾氧化法
2	全氮	半微量凯式法
3	全磷	氢氟酸—高氯酸消煮—钼锑抗比色法
4	全钾	氢氧化钠碱熔—火焰光度法
5	碱解氮	碱扩散法
6	有效磷	盐酸—氟化铵浸提—钼锑抗比色法
7	速效钾	乙酸铵浸提—火焰光度法
8	缓效钾	硝酸浸提—火焰光度法
9	pH	电位法

3.2.3 数据质量控制和评估

根据取样方案，对参与取样的人员进行集中技术培训，并固定采样人员，减少人为误差。取样中，设置 3 个以上重复。室内实验采用标准测量方法、专业的实验人员进行实验操作，实验数据交接的时候，进行数据核查，保证数据质量。

3.2.4 数 据

森林综合观测场土壤化学性质见表 3-4，垂直生态样带群观测场土壤化学性质见表 3-5。

表 3-4 森林综合观测场土壤化学性质

年份	观测场编码	取样层次(厘米)	有机质(%)	全氮(%)	水解氮(毫克/千克)	全磷(%)	有效磷(毫克/千克)	全钾(%)	速效钾(毫克/千克)	缓效钾(毫克/千克)	pH
2016	THSDFZ01	0～20	3.09	0.18	1011.1	0.12	10.7	5.03	74.7	1399.1	8.5
		20～40	2.82	0.16	930.4	0.11	9.4	4.41	65.8	1252.5	8.5
		40～60	2.30	0.12	755.2	0.09	7.6	3.54	52.7	1013.4	8.5
	THSDFZ02	0～20	2.54	0.14	754.3	0.12	7.9	2.94	23.6	861.5	8.8
		20～40	2.24	0.12	684.3	0.10	7.0	2.65	21.5	778.1	8.9
		40～60	1.80	0.10	544.6	0.08	5.5	2.06	16.7	631.7	8.8
		60～80	1.68	0.09	520.7	0.08	5.2	1.97	15.5	592.6	8.8
	THSDFZ03	0～20	1.32	0.13	667.2	0.21	7.6	4.17	35.1	1253.4	8.7
		20～40	1.22	0.12	590.0	0.18	6.8	3.68	31.7	1117.8	8.7
		40～60	0.95	0.10	472.7	0.15	5.6	2.92	26.1	903.4	8.8
		60～80	0.92	0.09	439.9	0.14	5.2	2.74	24.6	877.9	8.7
	THSDFZ04	0～20	2.76	0.18	981.1	0.09	9.0	3.88	26.0	1160.7	8.7
		20～40	2.51	0.16	879.5	0.08	8.0	3.47	23.2	1035.0	8.7
		40～60	2.04	0.13	699.5	0.07	6.2	2.70	18.5	831.6	8.7

（续）

年份	观测场编码	取样层次（厘米）	有机质（%）	全氮（%）	水解氮（毫克/千克）	全磷（%）	有效磷（毫克/千克）	全钾（%）	速效钾（毫克/千克）	缓效钾（毫克/千克）	pH
2016	THSDFZ05	0～20	1.87	0.18	1018.3	0.10	9.3	4.58	58.3	1235.5	8.3
		20～40	1.69	0.17	894.7	0.09	8.2	4.20	52.9	1123.1	8.3
		40～60	1.38	0.13	731.0	0.07	6.6	3.35	41.2	902.9	8.2
	THSDFZ06	0～20	2.23	0.16	829.5	0.06	8.1	4.45	35.1	1240.6	7.9
		20～40	2.02	0.14	759.0	0.06	7.1	3.98	31.8	1135.1	7.9
	THSDFZ07	0～20	0.73	0.06	319.2	0.07	7.8	3.74	76.2	1225.5	8.0
		20～40	0.66	0.05	293.5	0.06	7.2	3.40	68.8	1122.3	8.0
	THSDFZ08	0～20	2.51	0.13	686.6	0.07	13.1	5.32	83.0	1463.7	8.2
		20～40	2.28	0.12	616.9	0.06	11.8	4.83	74.8	1335.0	8.2
		40～60	1.77	0.09	478.8	0.05	9.7	3.92	60.7	1075.3	8.2
		60～80	1.69	0.09	466.6	0.05	9.0	3.79	57.3	1025.2	8.2
2021	THSDFZ01	0～20	3.24	0.18	958.0	0.11	10.2	4.98	75.5	1476.1	8.5
		20～40	2.84	0.16	842.9	0.10	9.3	4.39	68.9	1306.9	8.6
		40～60	2.27	0.13	657.3	0.08	7.4	3.49	56.4	1049.3	8.5
	THSDFZ02	0～20	2.57	0.14	731.3	0.12	8.1	3.06	24.7	1058.9	8.7
		20～40	2.31	0.12	661.7	0.11	7.3	2.68	22.7	926.9	8.6
		40～60	1.89	0.10	516.1	0.09	5.7	2.15	17.7	751.2	8.5
		60～80	1.75	0.09	483.9	0.09	5.4	2.06	16.9	699.8	8.6
	THSDFZ03	0～20	1.45	0.13	698.2	0.21	7.4	3.95	35.4	1169.5	8.7
		20～40	1.29	0.12	636.2	0.19	6.6	3.48	31.7	1080.3	8.7
		40～60	1.00	0.09	521.2	0.15	5.3	2.79	25.9	840.2	8.7
		60～80	0.95	0.09	497.7	0.15	5.0	2.64	24.4	802.6	8.8
	THSDFZ04	0～20	2.96	0.20	1075.0	0.10	9.2	3.75	24.7	1153.1	8.8
		20～40	2.72	0.18	982.1	0.09	8.1	3.36	21.8	1019.0	8.8
		40～60	2.20	0.14	767.1	0.07	6.5	2.69	17.5	800.9	8.9
	THSDFZ05	0～20	1.89	0.19	1065.7	0.10	9.8	4.65	60.7	1503.5	8.3
		20～40	1.74	0.17	978.6	0.09	8.7	4.21	55.1	1326.2	8.2
		40～60	1.37	0.14	778.0	0.08	6.8	3.42	45.3	1049.0	8.2
	THSDFZ06	0～20	2.21	0.17	883.0	0.07	7.6	4.25	34.5	1411.6	7.8
		20～40	2.02	0.15	787.5	0.06	6.7	3.89	30.8	1260.3	7.7
	THSDFZ07	0～20	1.02	0.06	330.9	0.07	7.9	3.91	74.9	1210.7	8.1
		20～40	0.94	0.05	303.9	0.07	6.9	3.51	68.6	1064.0	8.1
	THSDFZ08	0～20	2.62	0.13	751.1	0.08	12.8	5.23	80.6	1425.8	8.2
		20～40	2.34	0.12	678.1	0.07	11.8	4.70	70.9	1296.4	8.2
		40～60	1.87	0.09	545.2	0.06	9.3	3.65	57.1	1045.3	8.1
		60～80	1.79	0.09	518.5	0.05	8.6	3.54	54.2	995.8	8.2

表 3-5 垂直生态样带群观测场土壤化学性质

年份	观测场编码	样地序号	全氮（%）	全磷（%）	全钾（%）	有机质（%）
2019	THSDYD01	1	0.11	0.06	1.71	2.64
		2	0.10	0.05	1.53	1.53
		3	0.16	0.07	1.57	2.73
		4	0.12	0.06	1.82	2.14
		5	0.05	0.08	1.51	0.99
	THSDYD02	1	0.14	0.08	1.46	3.24
		2	0.03	0.05	1.47	0.89
		3	0.14	0.09	1.81	2.07
		4	0.14	0.08	1.47	1.97
		5	0.10	0.06	1.71	1.57
		6	0.08	0.07	1.61	1.22
		7	0.05	0.08	1.51	0.99
		8	0.11	0.05	1.05	2.50
	THSDYD03	1	0.05	0.05	1.41	0.84
		2	0.08	0.04	1.50	2.01
		3	0.08	0.08	1.74	1.49
		4	0.20	0.07	2.12	3.18
		5	0.04	0.05	1.47	0.88
		6	0.24	0.06	1.73	6.73
	THSDYD04	1	0.10	0.10	1.95	1.75
		2	0.08	0.07	1.96	1.22
		3	0.07	0.05	1.63	1.19
		4	0.02	0.08	1.57	1.91
		5	0.36	0.16	1.61	3.06
		6	0.09	0.07	0.89	1.59
		7	0.10	0.06	2.03	1.86
		8	0.14	0.07	1.15	2.8
	THSDYD05	1	0.12	0.09	1.54	1.94
		2	0.17	0.06	1.19	3.02
		3	0.08	0.07	1.61	1.22
		4	0.06	0.21	1.41	0.90
		5	0.16	0.15	2.18	3.28
		6	0.09	0.08	1.57	1.49
		7	0.22	0.06	1.69	4.53
		8	0.17	0.06	1.69	2.83
		9	0.15	0.08	1.87	2.35
		10	0.13	0.07	1.80	1.81
		11	0.26	0.07	1.90	6.07
	THSDYD06	1	0.11	0.07	2.05	6.98
		2	0.17	0.14	1.56	5.40

（续）

年份	观测场编码	样地序号	全氮（%）	全磷（%）	全钾（%）	有机质（%）
2019	THSDYD06	3	0.05	0.29	1.16	0.60
		4	0.05	0.22	1.41	0.71
		5	0.33	0.20	1.76	6.87
		6	0.09	0.11	2.46	1.55
		7	0.06	0.17	1.66	1.16
		8	0.21	0.12	1.75	4.78
		9	0.22	0.12	1.97	3.23
	THSDYD07	1	0.05	0.01	1.89	2.46
		2	0.18	0.01	1.64	3.26
		3	0.23	0.03	1.73	2.03
		4	0.08	0.03	1.76	4.23
		5	0.22	0.12	2.08	5.18
		6	0.05	0.02	1.78	0.70
		7	0.29	0.03	1.93	7.09
		8	0.15	0.03	2.03	0.80
		9	0.15	0.07	1.69	3.21
		10	0.05	0.05	2.01	1.49
		11	0.05	0.02	1.77	0.72
	THSDYD08	1	0.04	0.06	1.82	0.40
		2	0.21	0.07	1.93	4.37
		3	0.11	0.03	1.65	0.46
		4	0.08	0.05	1.76	0.80
		5	0.04	0.04	1.96	0.75
		6	0.08	0.07	1.98	0.28
		7	0.07	0.04	2.03	0.80
		8	0.13	0.04	2.30	2.94
		9	0.04	0.08	2.01	2.92
		10	0.15	0.09	1.77	1.50
	THSDYD09	1	0.26	0.06	1.67	3.91
		2	0.25	0.06	2.01	4.26
		3	0.53	0.10	1.85	8.24
		4	0.17	0.06	2.29	3.16
		5	0.34	0.12	2.05	5.35
		6	0.10	0.05	2.02	1.79
		7	0.24	0.11	1.52	5.76
		8	0.04	0.02	2.56	0.50
		9	0.07	0.04	2.16	1.14
		10	0.18	0.04	2.31	3.14
	THSDYD10	1	0.07	0.08	2.54	1.23
		2	0.33	0.06	2.61	6.81
		3	0.10	0.06	2.03	1.62

（续）

年份	观测场编码	样地序号	全氮（%）	全磷（%）	全钾（%）	有机质（%）
2019	THSDYD10	4	0.11	0.06	1.88	2.37
		5	0.14	0.07	1.96	2.25
		6	0.04	0.04	2.89	0.67
		7	0.13	0.06	2.63	2.67
		8	0.04	0.03	3.06	0.65
		9	0.10	0.04	2.60	1.78
		10	0.13	0.07	2.21	2.32
		11	0.36	0.05	3.01	6.76
		12	0.24	0.04	3.31	4.53
		13	0.27	0.04	2.66	4.53
		14	0.10	0.03	3.14	1.85
		15	0.18	0.05	3.61	3.34
		16	0.03	0.02	2.82	0.51
	THSDYD11	1	0.06	0.18	1.90	1.45
		2	0.06	0.02	1.86	1.70
		3	0.08	0.15	2.07	1.23
		4	0.02	0.15	2.03	0.73
		5	0.15	0.05	2.49	2.93
		6	0.36	0.10	2.11	5.68
		7	0.05	0.11	1.91	1.93
		8	0.23	0.10	1.94	4.44
		9	0.03	0.05	2.57	0.51
	THSDYD11	10	0.08	0.06	2.26	1.61
		11	0.13	0.04	2.77	2.59
		12	0.03	0.02	2.16	0.32
		13	0.25	0.05	2.08	3.74
		14	0.14	0.04	2.58	2.35
		15	0.13	0.09	2.44	2.16
	THSDYD12	1	0.11	0.04	1.90	1.50
		2	0.07	0.05	2.55	1.36
		3	0.17	0.04	1.14	4.14
		4	0.06	0.05	1.60	0.98
		5	0.16	0.01	2.82	3.75
		6	0.04	0.05	1.16	0.62
		7	0.16	0.01	2.00	3.15
		8	0.35	0.09	2.42	5.76
		9	0.14	0.02	2.40	2.92
		10	0.19	0.05	2.42	3.49
		11	0.14	0.01	2.15	3.21
		12	0.04	0.01	2.34	0.63
		13	0.09	0.01	2.21	1.40

（续）

年份	观测场编码	样地序号	全氮（%）	全磷（%）	全钾（%）	有机质（%）
2019	THSDYD12	14	0.07	0.03	2.48	1.23
		15	0.09	0.01	3.03	1.65
		16	0.07	0.04	2.25	1.27
		17	0.05	0.01	2.44	1.09
		18	0.29	0.03	2.30	5.45
		19	0.32	0.03	2.47	5.80
		20	0.33	0.03	2.24	7.43

3.3 土壤有机碳密度数据集

3.3.1 概　述

本数据集为河北太行山站刺槐次生林、栎类混交次生林、黄栌次生林、荆条次生灌丛、油松人工林综合观测场 2016 年、2021 年分层（0 ～ 20 厘米、20 ～ 40 厘米、40 ～ 60 厘米）土壤有机碳密度观测数据。

3.3.2 数据采集和处理方法

土壤有机碳密度数据采集参照《森林生态系统长期定位观测方法》(GB 33027—2016) 中 5.2.3，采用土钻法，刮掉土壤表面采集土壤样品。从每一个样方选择 3 个抽样点，把 3 个抽样点的样本放在一起，通过重复四分法筛选出一个样本；每个类型的同一深度至少收集 4 ～ 6 份样本。土壤样本带回实验室（24 小时内），测定有机碳含量。

3.3.3 数据质量控制和评估

取样前，根据取样方案，对参与取样的人员进行集中仪器使用培训，并固定采样人员，减少人为误差。取样中，设置 3 个以上取样点，循环取样。取样后，调查人和记录人及时对原始记录进行核查，发现错误及时纠正。

3.3.4 数　据

森林综合观测场土壤有机碳密度见表 3-6。

表 3-6　森林综合观测场土壤有机碳密度

年份	观测场编码	有机碳密度（千克/平方米）		
		0～20厘米	20～40厘米	40～60厘米
2016	THSDFZ01	3.27	1.97	0.96
	THSDFZ05	3.19	1.46	0.50

（续）

年份	观测场编码	有机碳密度（千克/平方米）		
		0～20厘米	20～40厘米	40～60厘米
2016	THSDFZ06	3.23	1.72	0.73
	THSDFZ07	2.41	0.93	0.47
	THSDFZ08	2.48	0.99	0.70
2021	THSDFZ01	3.25	1.97	0.89
	THSDFZ05	3.28	1.39	0.49
	THSDFZ06	3.18	1.80	0.70
	THSDFZ07	2.37	0.92	0.56
	THSDFZ08	2.56	0.95	0.73

3.4 土壤呼吸数据集

3.4.1 概　述

本数据集为河北太行山站荆条次生灌丛综合观测场 2013—2017 年土壤总呼吸量观测数据。观测时间从 2013 年至 2017 年。

3.4.2 数据采集和处理方法

土壤呼吸数据采集参照《森林生态系统长期定位观测方法》(GB 33027—2016) 中 5.3.3，通过便携式土壤呼吸测量仪在待测区域随机测量多个样点土壤总呼吸速率，每次测定工作在 1 天内完成，每个观测点测 3 ～ 5 个循环（每次循环大约需要 90 秒），每个样点大约需要 5 分钟，几个样点平均值作为样地土壤总呼吸速率，观测频率一般为 2 次 / 月。对观测的每个月两次土样总呼吸速率求平均值，并计算土壤总呼吸量。

3.4.3 数据质量控制和评估

取样前，根据取样方案，对参与取样的人员进行集中仪器使用培训，并固定采样人员，减少人为误差。取样中，设置 3 个以上取样点，循环取样。取样后，调查人和记录人及时对原始记录进行核查，发现错误及时纠正。

3.4.4 数　据

荆条次生灌丛综合观测场土壤呼吸数据见表 3-7。

表 3-7　荆条次生灌丛综合观测场土壤呼吸

年份	月份	土壤呼吸速率 [微摩尔/（平方米·秒）]	土壤月总呼吸量 [克/（平方米·月）]	土壤年总呼吸量 [克/（平方米·年）]
2013	1	0.25	27.94	1828.90

（续）

年份	月份	土壤呼吸速率 [微摩尔/（平方米·秒）]	土壤月总呼吸量 [克/（平方米·月）]	土壤年总呼吸量 [克/（平方米·年）]
2013	2	0.18	19.80	1828.90
	3	0.22	26.73	
	4	0.87	97.13	
	5	0.91	110.07	
	6	1.03	119.02	
	7	3.95	469.15	
	8	3.56	417.16	
	9	2.15	241.52	
	10	1.60	193.89	
	11	0.52	56.25	
	12	0.41	50.23	
2014	1	0.24	26.84	2009.55
	2	0.22	24.20	
	3	0.27	32.82	
	4	0.94	104.94	
	5	0.98	118.54	
	6	1.16	134.05	
	7	4.02	477.47	
	8	3.49	408.94	
	9	2.64	296.56	
	10	1.52	184.21	
	11	0.94	101.68	
	12	0.81	99.29	
2015	1	0.41	45.83	2132.42
	2	0.35	38.50	
	3	0.29	35.24	
	4	0.99	110.51	
	5	1.17	141.50	
	6	1.62	187.22	
	7	3.91	464.38	
	8	3.57	418.33	
	9	2.78	312.29	
	10	1.56	189.05	
	11	0.88	95.19	
	12	0.77	94.38	
2016	1	0.37	41.36	2003.03
	2	0.29	31.90	
	3	0.25	30.40	
	4	0.31	34.61	
	5	1.04	125.80	

（续）

年份	月份	土壤呼吸速率[微摩尔/（平方米·秒）]	土壤月总呼吸量[克/（平方米·月）]	土壤年总呼吸量[克/（平方米·年）]
2016	6	1.61	186.08	2003.03
	7	3.99	473.88	
	8	3.52	412.46	
	9	2.66	298.80	
	10	1.41	170.87	
	11	0.97	104.94	
	12	0.75	91.92	
2017	1	0.39	43.60	1899.52
	2	0.30	33.00	
	3	0.32	38.90	
	4	0.95	106.08	
	5	1.14	137.87	
	6	1.50	173.36	
	7	3.84	456.06	
	8	3.47	406.60	
	9	2.05	230.27	
	10	1.51	183.00	
	11	0.42	45.43	
	12	0.37	45.36	
2018	1	0.24	28.86	1806.17
	2	0.20	21.71	
	3	0.18	20.71	
	4	0.82	93.77	
	5	0.91	107.18	
	6	1.04	118.09	
	7	3.96	466.14	
	8	3.56	419.23	
	9	2.14	243.86	
	10	1.58	185.87	
	11	0.50	57.04	
	12	0.37	43.72	
2019	1	0.20	23.93	2020.54
	2	0.26	27.98	
	3	0.29	34.55	
	4	0.97	110.26	
	5	1.00	117.29	
	6	1.20	136.35	
	7	4.03	474.71	
	8	3.47	409.16	
	9	2.64	301.19	

（续）

年份	月份	土壤呼吸速率 [微摩尔/（平方米·秒）]	土壤月总呼吸量 [克/（平方米·月）]	土壤年总呼吸量 [克/（平方米·年）]
2019	10	1.50	177.35	2020.54
	11	0.95	108.42	
	12	0.84	99.35	
2020	1	0.36	42.92	2114.19
	2	0.30	33.40	
	3	0.29	33.87	
	4	0.97	110.64	
	5	1.15	134.97	
	6	1.63	185.79	
	7	3.86	455.36	
	8	3.55	418.25	
	9	2.79	318.13	
	10	1.52	179.49	
	11	0.93	105.92	
	12	0.81	95.45	
2021	1	0.39	46.48	1986.91
	2	0.25	27.02	
	3	0.22	25.52	
	4	0.33	37.21	
	5	1.02	120.16	
	6	1.65	188.01	
	7	3.99	469.93	
	8	3.47	409.46	
	9	2.63	300.16	
	10	1.42	167.69	
	11	0.97	110.41	
	12	0.72	84.87	

第四章

河北太行山站森林气象要素数据集

河北太行山站在常规气象要素综合观测场和一站多点森林小气候观测场，对《森林生态系统长期定位观测指标体系》（GB/T 35377—2017）中3.3节规定的森林气象要素观测指标进行观测，汇总整理后形成森林气象要素数据集。具体观测指标、频度和时间见表4-1。

表4-1 河北太行山站森林气象要素观测指标

<table>
<tr><th>指标类别</th><th>观测指标</th><th>单位</th><th>观测频度</th></tr>
<tr><td>天气现象</td><td>气压</td><td>帕</td><td>每日一次</td></tr>
<tr><td rowspan="2">风</td><td>林冠以上3米风速</td><td>米/秒</td><td rowspan="2">连续观测</td></tr>
<tr><td>林冠以上3米风向</td><td>°</td></tr>
<tr><td rowspan="4">空气温湿度</td><td>最低温度</td><td rowspan="3">℃</td><td rowspan="2">每日一次</td></tr>
<tr><td>最高温度</td></tr>
<tr><td>定时温度</td><td rowspan="9">连续观测</td></tr>
<tr><td>相对湿度</td><td>%</td></tr>
<tr><td rowspan="6">土壤温度</td><td>地表最低温度</td><td rowspan="6">℃</td></tr>
<tr><td>地表最高温度</td></tr>
<tr><td>地表定时温度</td></tr>
<tr><td>10厘米深土壤温度</td></tr>
<tr><td>20厘米深土壤温度</td></tr>
<tr><td>40厘米深土壤温度</td></tr>
<tr><td rowspan="2">辐射</td><td>总辐射量</td><td>兆焦/平方米</td></tr>
<tr><td>日照时数</td><td>小时</td><td>每日一次</td></tr>
<tr><td>降水</td><td>降水量</td><td rowspan="2">毫米</td><td>连续观测</td></tr>
<tr><td>水面蒸发</td><td>蒸发量</td><td>每日一次</td></tr>
</table>

4.1 气压数据集

4.1.1 概 述

本数据集包括河北太行山站常规气象要素综合观测场 2015—2021 年逐月平均气压数据，一站多点森林小气候观测场 2021 年逐月平均气压数据。

4.1.2 数据采集和处理方法

气压数据采集参照《森林生态系统长期定位观测方法》(GB 33027—2016) 中 6.1.3.4，将气压传感器接入数据采集器，按照每分钟采测 6 个气压值，采用滑动平均值法测定每分钟气压值，设置仪器输出每天平均气压。在质控数据的基础上，用日气压合计值除以日数获得月气压平均值。日平均值缺测 6 次或者以上时，不做月统计。

4.1.3 数据质量控制和评估

超出气压界限值域 300 ～ 1100 百帕的数据为错误数据；所观测的气压不小于日最低气压且不大于日最高气压；24 小时变压的绝对值小于 50 百帕；1 分钟内允许的最大变化值为 1.0 百帕，1 小时内变化幅度的最小值为 0.1 百帕；某一定时气温或湿度缺测时，用前、后两定时数据内插求得，按正常数据统计，若连续两个或以上定时数据缺测时，不能内插，仍按缺测处理。

4.1.4 数 据

常规气象要素综合观测场月平均气压数据见表 4-2。

表 4-2 常规气象要素综合观测场月平均气压

年份	月份	月平均气压（帕）
2015	1	97910
	2	97953
	3	97834
	4	97326
	5	96677
	6	96354
	7	96418
	8	96663
	9	97365
	10	97740
	11	98203
	12	98489

（续）

年份	月份	月平均气压（帕）
2016	1	98591
	2	98335
	3	97748
	4	96968
	5	96818
	6	95814
	7	96317
	8	96678
	9	97103
	10	97756
	11	98059
	12	98360
2017	1	98079
	2	98224
	3	97419
	4	97289
	5	96612
	6	96405
	7	96391
	8	96924
	9	97182
	10	97561
	11	98192
	12	98739
2018	1	98227
	2	98222
	3	97409
	4	97273
	5	96601
	6	96393
	7	96382
	8	96908
	9	97183
	10	97551
	11	98178
	12	98716
2019	1	98227
	2	98224
	3	97418
	4	97252
	5	96575

（续）

年份	月份	月平均气压（帕）
2019	6	96408
	7	96367
	8	96927
	9	97177
	10	97543
	11	98191
	12	98322
2020	1	98243
	2	98198
	3	97429
	4	97259
	5	96588
	6	96423
	7	96378
	8	96939
	9	97188
	10	97552
	11	98200
	12	98693
2021	1	98253
	2	98238
	3	97445
	4	97296
	5	96634
	6	96434
	7	96425
	8	96926
	9	97203
	10	97585
	11	98211
	12	98761

森林小气候观测场月平均气压数据见表 4-3。

表 4-3　一站多点森林小气候观测场月平均气压

年份	观测场编码	月份	月平均气压（帕）
2021	THSDCGQX01	1	93207
		2	93024
		3	92911
		4	92941
		5	92168
		6	92009

（续）

年份	观测场编码	月份	月平均气压（帕）
2021	THSDCGQX01	7	91966
		8	92064
		9	92428
		10	93336
		11	93220
		12	93430
	THSDCGQX02	1	91486
		2	91329
		3	91280
		4	91310
		5	90566
		6	90418
		7	90857
		8	92096
		9	92434
		10	93336
		11	93233
		12	93317
	THSDCGQX03	1	98519
		2	98206
		3	98369
		4	97784
		5	96951
		6	96320
		7	96352
		8	97061
		9	97430
		10	98337
		11	98491
		12	98477
	THSDCGQX04	1	96849
		2	96632
		3	96537
		4	96376
		5	95458
		6	95281
		7	94502

（续）

年份	观测场编码	月份	月平均气压（帕）
2021	THSDCGQX04	8	95031
		9	95062
		10	95962
		11	96559
		12	96110
	THSDCGQX05	1	85081
		2	85468
		3	85321
		4	85004
		5	84713
		6	84356
		7	84152
		8	84156
		9	84778
		10	85288
		11	85762
		12	85866

4.2 风速、风向数据集

4.2.1 概　述

本数据集包括河北太行山站常规气象要素综合观测场 2013—2021 年逐月平均风速、风向数据，一站多点森林小气候观测场 2021 年逐月平均风速、风向数据。

4.2.2 数据采集和处理方法

风速采集参照《森林生态系统长期定位观测方法》（GB 33027—2016）中 6.1.3.4，观测点位于林冠层上 3 米，每秒测 1 次风速数据，以 1 秒为步长求 3 秒滑动平均值，以 3 秒为步长求 1 分钟滑动平均风速，然后以 1 分钟为步长求 10 分钟滑动平均风速。在质控数据的基础上，用日风速合计值除以日数获得月风速平均值；统计每月各风向（北、北东、东、南东、南、南西、西、北西）出现频率，获取月最多风向。日平均值缺测 6 次或者以上时，不做月统计。

4.2.3 数据质量控制和评估

根据当地气象观测记录，确定各季节风速的极大值，极小值为 0 进行检验；风向检验，极大值 360°，同时需检验传感器是否正常随风方向指示而变动。超出气候学界限值域 0 ~ 75 米 / 秒的数据为错误数据；10 分钟平均风速小于最大风速；缺测 6 次或以上时，不做日平均统计。

4.2.4 数　据

常规气象要素综合观测场风速、风向数据见表 4-4。

表 4-4　常规气象要素综合观测场风速、风向

年份	月份	10分钟平均风速月平均（米/秒）	月最多风向
2013	1	0.8	E
	2	0.7	E
	3	0.9	E
	4	1.0	W
	5	0.6	W
	6	0.3	N
	7	0.3	N
	8	0.4	E
	9	0.3	E
	10	0.5	E
	11	1.1	E
	12	1.2	E
2014	1	0.9	E
	2	0.6	E
	3	1.0	E
	4	0.6	W
	5	0.9	E
	6	0.5	W
	7	0.6	W
	8	0.4	W
	9	0.2	N
	10	0.3	SE
	11	0.8	E
	12	1.5	E
2015	1	0.9	E
	2	1.0	E
	3	1.1	E
	4	0.9	W
	5	0.6	W
	6	0.6	W
	7	0.4	W
	8	0.3	W
	9	0.2	E
	10	0.7	E
	11	0.2	N
	12	0.9	E
2016	1	1.1	E
	2	1.3	E

（续）

年份	月份	10分钟平均风速月平均（米/秒）	月最多风向
2016	3	1.1	E
	4	1.0	E
	5	0.8	E
	6	0.6	E
	7	0.2	N
	8	0.2	N
	9	0.3	SE
	10	0.2	N
	11	0.3	N
	12	0.5	E
2017	1	0.7	E
	2	1.0	E
	3	1.3	E
	4	1.1	NE
	5	0.7	E
	6	0.5	E
	7	0.4	E
	8	0.3	E
	9	0.5	E
	10	0.2	N
	11	0.9	E
	12	1.3	NE
2018	1	1.1	NE
	2	1.1	E
	3	0.9	E
	4	0.9	W
	5	0.5	E
	6	0.6	E
	7	0.3	N
	8	0.2	E
	9	0.5	E
	10	0.7	E
	11	0.7	E
	12	0.9	E
2019	1	0.9	E
	2	0.8	E
	3	1.4	E
	4	0.9	E
	5	1.0	E
	6	0.6	E
	7	0.4	E

（续）

年份	月份	10分钟平均风速月平均（米/秒）	月最多风向
2019	8	0.3	E
	9	0.4	E
	10	0.4	N
	11	0.5	N
	12	0.7	N
2020	1	0.3	N
	2	0.7	N
	3	1.0	E
	4	0.9	E
	5	0.6	E
	6	0.5	W
	7	0.2	N
	8	0.2	N
	9	0.3	N
	10	0.4	N
	11	0.7	N
	12	1.0	N
2021	1	0.8	N
	2	0.9	E
	3	1.1	N
	4	0.9	N
	5	0.7	W
	6	0.6	SE
	7	0.3	N
	8	0.2	N
	9	0.4	N
	10	0.4	N
	11	0.5	NE
	12	0.8	NE

森林小气候观测场风速、风向数据见表 4-5。

表 4-5 一站多点森林小气候观测场风速、风向

年份	观测场编码	月份	10分钟平均风速月平均（米/秒）	月最多风向
2021	THSDCGQX01	1	4.1	SW
		2	3.8	SW
		3	3.3	SW
		4	3.3	SW
		5	3.8	SW
		6	2.6	SE
		7	2.2	SE
		8	1.9	SW

（续）

年份	观测场编码	月份	10分钟平均风速月平均（米/秒）	月最多风向
2021	THSDCGQX01	9	2.2	SW
		10	5.3	SW
		11	3.5	SW
		12	3.7	SW
	THSDCGQX02	1	1.0	SE
		2	1.0	SE
		3	0.9	SE
		4	1.0	SE
		5	0.8	SE
		6	0.5	S
		7	0.3	S
		8	0.1	S
		9	0.4	SE
		10	0.5	SE
		11	0.8	SE
		12	0.8	NW
	THSDCGQX03	1	0.9	W
		2	0.8	W
		3	0.7	SW
		4	1.0	W
		5	1.0	W
		6	0.6	W
		7	0.5	W
		8	0.4	W
		9	0.3	SW
		10	0.4	SW
		11	0.8	W
		12	0.6	W
	THSDCGQX04	1	1.3	W
		2	1.2	SW
		3	1.4	SE
		4	1.6	W
		5	1.5	W
		6	0.3	W
		7	0.5	E
		8	0.3	E
		9	0.4	E
		10	0.8	W
		11	1.1	W
		12	1.2	W

（续）

年份	观测场编码	月份	10分钟平均风速月平均（米/秒）	月最多风向
2021	THSDCGQX05	1	2.6	NE
		2	3.1	NW
		3	3.0	NW
		4	3.7	NE
		5	4.0	SE
		6	2.9	E
		7	2.6	NW
		8	1.6	SE
		9	1.9	E
		10	2.1	E
		11	2.6	E
		12	2.8	E

4.3 空气温湿度数据集

4.3.1 概　述

本数据集包括河北太行山站常规气象要素综合观测场 2013—2021 年空气温湿度（月最高气温、月最低气温、月平均温度、月平均相对湿度）数据，一站多点森林小气候观测场 2021 年空气温湿度（月最高气温、月最低气温、月平均温度、月平均相对湿度）数据。

4.3.2 数据采集和处理方法

空气温湿度数据采集参照《森林生态系统长期定位观测方法》（GB 33027—2016）中 6.1.3.4，将空气温湿度传感器接入数据采集器，每分钟采测 6 个空气温湿度值，采用滑动平均值法测定每分钟空气温湿度值，观测每天最高温度、最低温度，计算每天平均温度和湿度。在质控数据的基础上，统计每月的最高温度和最低温度，用日平均温度值合计值除以日数获得月平均值。日平均值缺测 6 次或者以上时，不做月统计。

4.3.3 数据质量控制和评估

超出空气温度界限值域 -30 ~ 70℃、空气湿度界限 0% ~ 100% 的数据为错误数据；1 分钟内允许的最大变化值为 3℃，1 小时内变化幅度的最小值为 0.1℃；定时气温大于等于日最低地温且小于等于日最高气温，定时湿度大于等于日最小相对湿度；气温大于等于露点温度；24 小时气温变化范围小于 50℃；某一定时气温或湿度缺测时，用前、后两定时数据内插求得，按正常数据统计，若连续两个或以上定时数据缺测时，不能内插，仍按缺测处理。

4.3.4 数 据

常规气象要素综合观测场空气温湿度数据见表 4-6。

表 4-6 常规气象要素综合观测场空气温湿度

年份	月份	月最高气温（℃）	月最低气温（℃）	月平均温度（℃）	月平均相对湿度（%）
2013	1	12.4	-8.9	0.1	33
	2	10.3	-12.9	-1.3	37
	3	21.6	0.5	11.2	41
	4	26.2	11.5	19.5	37
	5	35.3	9.8	20.7	53
	6	33.2	12.2	23.1	73
	7	37.0	16.9	25.6	78
	8	35.7	14.4	25.8	75
	9	29.6	8.7	19.9	78
	10	27.0	2.0	13.6	66
	11	20.6	-2.7	7.7	38
	12	15.3	-8.3	1.3	41
2014	1	13.9	-9.4	0.5	38
	2	11.3	-11.9	-0.9	40
	3	26.6	-2.1	10.7	39
	4	29.8	6.2	15.8	58
	5	30.5	7.4	22.7	36
	6	36.1	14.3	24.9	55
	7	36.8	17.8	26.8	64
	8	34.4	15.1	24.9	66
	9	32.1	9.7	19.4	79
	10	28.0	5.5	14.2	70
	11	20.7	-2.1	7.4	49
	12	14.8	-8.7	1.4	25
2015	1	14.9	-7.5	0.5	39
	2	15.8	-8.0	2.5	39
	3	25.3	-5.0	9.7	33
	4	32.5	1.1	15.4	48
	5	34.1	6.4	20.6	52
	6	36.8	14.6	25.1	50
	7	38.7	17.8	26.1	66
	8	34.1	17.2	24.9	76
	9	29.0	11.7	19.3	78
	10	27.1	4.6	14.9	56
	11	19.5	-11.1	3.2	89
	12	12.1	-6.7	1.1	60
2016	1	10.2	-16.2	-3.0	52
	2	16.7	-5.9	2.6	56

（续）

年份	月份	月最高气温（℃）	月最低气温（℃）	月平均温度（℃）	月平均相对湿度（%）
2016	3	24.3	-2.5	9.5	43
	4	31.9	5.5	16.8	35
	5	34.8	9.7	20.5	42
	6	36.8	15.6	24.7	48
	7	34.1	17.8	25.0	64
	8	33.1	15.3	24.7	88
	9	32.7	8.7	21.3	72
	10	27.1	-1.0	13.6	80
	11	24.3	-6.6	5.9	74
	12	14.8	-7.0	2.0	62
2017	1	15.5	-10.2	-0.9	55
	2	17.0	-7.4	3.2	39
	3	19.8	-3.5	8.7	42
	4	32.9	7.1	17.3	40
	5	35.8	12.0	23.3	42
	6	35.7	12.3	24.3	56
	7	39.3	17.1	27.0	74
	8	35.9	15.1	24.9	79
	9	33.4	10.2	22.4	66
	10	24.7	1.6	12.5	86
	11	23.6	-7.3	6.3	43
	12	12.0	-8.3	1.4	37
2018	1	11.7	-13.0	-2.5	49
	2	16.6	-10.1	1.0	31
	3	32.2	-3.8	9.5	47
	4	32.2	-1.6	15.9	56
	5	33.3	9.2	20.9	62
	6	35.5	12.7	26.3	54
	7	37.3	18.7	26.8	82
	8	36.1	18.1	25.5	85
	9	31.6	8.4	20.0	66
	10	27.1	3.4	14.3	46
	11	18.7	-0.8	7.2	56
	12	13.3	-12.5	-1.2	43
2019	1	14.4	-10.4	-0.5	35
	2	11.1	-9.4	-0.3	56
	3	24.6	-0.4	10.9	28
	4	30.8	1.4	14.1	56
	5	38.2	8.8	22.6	37
	6	36.3	16.8	26.3	53
	7	37.2	16.6	27.1	69

（续）

年份	月份	月最高气温（℃）	月最低气温（℃）	月平均温度（℃）	月平均相对湿度（%）
2019	8	33.4	18.2	24.6	76
	9	35.4	15.1	22.2	63
	10	31.3	4.5	14.4	69
	11	20.2	-6.8	6.5	61
	12	12.6	-12.1	0.5	56
2020	1	11.0	-8.8	-0.9	69
	2	16.8	-6.4	3.5	59
	3	27.7	-4.0	10.4	44
	4	34.6	1.9	14.7	41
	5	34.5	10.5	21.0	59
	6	37.6	16.3	25.9	54
	7	34.6	17.7	24.2	85
	8	34.1	16.6	24.6	88
	9	33.3	11.4	20.8	73
	10	22.8	3.7	13.5	59
	11	21.4	-4.2	6.8	72
	12	9.9	-20.4	-4.9	28
2021	1	14.2	-15.1	-0.7	41
	2	27.5	-7.7	6.0	44
	3	23.4	-2.8	8.9	52
	4	26.9	4.6	14.3	54
	5	36.1	6.5	20.6	50
	6	38.2	15.6	25.4	61
	7	36.5	18.2	25.7	88
	8	33.1	15.8	24.0	87
	9	32.6	14.1	20.9	90
	10	23.7	1.7	12.8	74
	11	23.7	-3.0	8.5	53
	12	16.5	-12.9	3.3	48

森林小气候观测场空气温湿度数据见表 4-7。

表 4-7　一站多点森林小气候观测场空气温湿度

年份	观测场编码	月份	月最高气温（℃）	月最低气温（℃）	月平均温度（℃）	月平均相对湿度（%）
2021	THSDCGQX01	1	14.0	-18.4	-1.4	23.9
		2	26.5	-7.0	4.9	36.1
		3	27.6	-2.8	7.9	51.1
		4	32.6	2.0	12.2	45.5
		5	34.7	6.0	19.1	40.0
		6	40.8	14.0	23.9	51.6
		7	42.2	15.6	23.5	72.2
		8	36.2	14.4	22.5	72.1

（续）

年份	观测场编码	月份	月最高气温（℃）	月最低气温（℃）	月平均温度（℃）	月平均相对湿度（%）
2021	THSDCGQX01	9	38.2	11.3	19.5	74.3
		10	28.7	0.0	11.5	67.4
		11	26.3	-1.5	7.8	48.0
		12	18.2	-8.1	3.1	40.3
	THSDCGQX02	1	18.5	-19.5	-1.6	30.1
		2	29.2	-9.5	5.5	31.4
		3	25.2	-6.3	7.3	56.4
		4	29.3	2.8	11.7	45.9
		5	38.8	3.2	17.5	45.8
		6	39.6	7.3	22.1	57.5
		7	42.0	13.5	21.9	76.7
		8	36.4	14.5	21.4	72.2
		9	33.2	13.2	21.7	77.5
		10	30.2	0.2	12.8	72.4
		11	26.3	-0.3	7.6	44.6
		12	15.2	-5.8	1.7	25.0
	THSDCGQX03	1	17.3	-15.5	-2.1	37.6
		2	29.6	-9.9	4.6	41.4
		3	29.4	-3.2	6.7	67.2
		4	32.6	4.2	15.9	44.3
		5	35.2	3.6	20.6	45.4
		6	39.6	11.8	24.1	60.7
		7	38.5	16.0	25.3	79.9
		8	36.9	15.2	24.3	82.1
		9	37.5	12.6	20.1	85.7
		10	28.0	0.1	11.9	77.6
		11	27.9	-0.2	7.9	67.1
		12	21.1	-22.0	-1.7	67.7
	THSDCGQX04	1	16.4	-19.5	-6.7	28.1
		2	18.2	-16.5	0.1	41.6
		3	20.4	-5.4	6.7	64.3
		4	24.4	-4.4	11.9	51.4
		5	29.6	3.4	17.4	51.3
		6	31.7	4.8	21.7	66.9
		7	33.4	12.7	23.8	83.4
		8	34.1	8.9	21.1	83.7
		9	27.4	6.8	18.8	86.2
		10	21.2	-0.3	10.8	75.4
		11	19.7	-10.2	3.7	64.8
		12	19.8	-25.2	-2.4	59.6

（续）

年份	观测场编码	月份	月最高气温（℃）	月最低气温（℃）	月平均温度（℃）	月平均相对湿度（%）
2021	THSDCGQX05	1	0.6	-36.5	-18.0	39.0
		2	9.6	-27.8	-9.2	28.4
		3	15.6	-20.2	-1.8	42.4
		4	16.1	-0.1	2.1	47.4
		5	24.4	6.6	17.1	29.9
		6	26.8	12.9	20.2	48.1
		7	26.1	11.0	20.5	57.0
		8	26.7	2.1	11.8	79.9
		9	29.4	-0.5	11.8	79.4
		10	19.0	-11.5	1.4	61.3
		11	13.6	-21.7	-7.4	72.9
		12	4.0	-32.1	-12.5	68.3

4.4 土壤温度数据集

4.4.1 概　述

本数据集包括河北太行山站常规气象要素综合观测场 2013—2021 年不同层次（地表、10 厘米、20 厘米、40 厘米）土壤温度数据。10 厘米、20 厘米、40 厘米土壤温度观测从 2016 年 1 月开始，之前月份用“—”表示。

4.4.2 数据采集和处理方法

土壤温度数据采集参照《森林生态系统长期定位观测方法》(GB 33027—2016) 中 6.1.3.4，将布设在不同深度土壤中的土壤温度传感器接入数据采集器，按照每分钟采测 6 个空气温度值，采用滑动平均值法测定每分钟土壤温度值，观测每天地表最高气温、最低气温，计算每天不同深度土壤的平均温度。在质控数据的基础上，统计每月的地表最高气温和最低气温，用日平温度值合计值除以日数获得不同深度土壤温度的月平均值。日平均值缺测 6 次或者以上时，不做月统计。

4.4.3 数据质量控制和评估

超出空气温度界限值域 -30 ～ 50℃的数据为错误数据；1 分钟内允许的最大变化值为 3℃，1 小时内变化幅度的最小值为 0.1℃；定时地表温度大于等于日最小地表温度且小于等于日最高地表温度；24 小时气温变化范围小于 50℃；某一定时气温缺测时，用前、后两定时数据内插求得，按正常数据统计，若连续两个或以上定时数据缺测时，不能内插，仍按缺测处理。

4.4.4 数　据

常规气象观测场土壤温度月平均数据见表 4-8。

表 4-8　常规气象观测场土壤温度

年份	月份	地表最高温度（℃）	地表最低温度（℃）	地表平均温度（℃）	10厘米土壤温度（℃）	20厘米土壤温度（℃）	40厘米土壤温度（℃）
2013	1	5.7	-2.9	0.9	—	—	—
	2	7.9	-3.0	1.8	—	—	—
	3	17.9	0.5	8.4	—	—	—
	4	14.5	10.3	12.2	—	—	—
	5	19.1	10.4	15.3	—	—	—
	6	23.3	15.8	19.2	—	—	—
	7	24.5	21.0	22.5	—	—	—
	8	25.7	18.1	22.8	—	—	—
	9	21.1	15.0	18.8	—	—	—
	10	17.8	8.8	13.5	—	—	—
	11	11.8	3.0	7.7	—	—	—
	12	7.8	-1.7	2.3	—	—	—
2014	1	5.2	-2.2	0.8	—	—	—
	2	5.0	-2.8	0.6	—	—	—
	3	13.3	0.9	6.9	—	—	—
	4	16.1	8.8	12.6	—	—	—
	5	22.1	9.9	15.9	—	—	—
	6	23.2	16.0	19.9	—	—	—
	7	25.0	20.4	22.6	—	—	—
	8	25.3	19.5	22.3	—	—	—
	9	22.2	15.7	19.3	—	—	—
	10	17.4	10.9	14.5	—	—	—
	11	12.7	4.8	8.1	—	—	—
	12	7.0	-2.2	1.6	—	—	—
2015	1	6.2	-3.6	0.9	—	—	—
	2	10.9	-3.1	2.9	—	—	—
	3	22.4	0.1	9.8	—	—	—
	4	27.6	6.7	15.5	—	—	—
	5	32.4	11.5	21.6	—	—	—
	6	33.8	19.3	25.8	—	—	—
	7	38.2	20.2	27.1	—	—	—
	8	32.2	21.0	25.8	—	—	—
	9	29.7	16.0	20.7	—	—	—
	10	23.1	6.1	15.0	—	—	—
	11	15.1	1.8	6.9	—	—	—
	12	4.3	0.0	1.2	—	—	—

（续）

年份	月份	地表最高温度（℃）	地表最低温度（℃）	地表平均温度（℃）	10厘米土壤温度（℃）	20厘米土壤温度（℃）	40厘米土壤温度（℃）
2016	1	2.1	-2.7	-0.6	-0.8	0.3	1.0
	2	6.8	-2.4	0.7	2.9	1.7	2.5
	3	18.6	0.7	8.1	9.3	6.7	6.2
	4	27.7	11.1	17.0	18.6	14.7	13.1
	5	34.7	14.1	21.9	21.0	17.7	16.0
	6	37.7	17.6	25.8	22.9	20.1	18.0
	7	31.3	20.3	25.3	24.5	22.3	19.9
	8	42.2	13.2	25.3	21.6	20.4	18.9
	9	38.7	7.9	21.1	20.4	19.3	17.9
	10	29.5	-3.9	13.2	14.1	13.9	13.6
	11	17.0	-4.8	7.6	7.1	7.5	7.5
	12	9.3	-0.2	3.0	1.5	1.9	1.7
2017	1	5.0	-1.3	0.5	0.8	1.0	1.6
	2	11.9	-0.5	3.0	3.9	2.6	2.3
	3	17.1	2.9	9.3	9.4	7.1	6.0
	4	23.3	9.0	16.0	15.7	12.2	10.3
	5	30.1	16.2	22.0	21.7	17.6	15.1
	6	31.1	17.2	24.6	23.1	20.0	17.7
	7	31.6	22.0	26.8	23.6	21.5	19.1
	8	31.4	20.1	25.5	23.2	21.1	18.1
	9	27.4	17.9	22.9	15.6	15.2	14.2
	10	22.0	9.2	15.0	15.0	14.4	13.5
	11	14.5	1.0	7.7	7.8	8.0	7.6
	12	5.6	0.0	2.0	2.2	2.6	2.4
2018	1	11.9	-5.1	0.9	1.3	2.0	3.7
	2	12.5	-5.2	1.5	1.5	2.1	3.6
	3	25.8	1.0	10.2	7.7	7.6	7.3
	4	30.3	5.6	15.2	14.1	11.9	10.1
	5	33.4	5.6	16.4	16.1	12.4	10.2
	6	35.0	11.3	19.4	19.9	18.8	18.7
	7	35.0	7.4	21.1	22.5	21.8	20.4
	8	28.9	18.9	22.5	20.3	20.2	19.9
	9	31.8	16.1	20.7	18.5	18.3	18.4
	10	27.5	8.5	14.0	13.0	13.5	14.8
	11	17.1	-1.6	7.5	7.8	9.0	10.9
	12	11.2	-7.7	3.0	4.4	2.2	6.7
2019	1	11.3	-4.7	0.1	1.1	1.9	3.6
	2	11.9	-3.7	2.1	1.3	2.0	3.5
	3	23.6	2.9	11.5	6.9	7.4	7.2
	4	25.5	6.9	15.6	12.6	11.7	9.9

（续）

年份	月份	地表最高温度（℃）	地表最低温度（℃）	地表平均温度（℃）	10厘米土壤温度（℃）	20厘米土壤温度（℃）	40厘米土壤温度（℃）
2019	5	31.6	12.4	22.8	14.4	12.2	10.0
	6	34.4	20.9	26.5	17.8	18.5	18.4
	7	34.1	21.9	27.4	20.1	21.5	20.1
	8	32.8	21.9	26.2	18.2	19.9	19.6
	9	30.2	17.3	23.0	16.6	18.0	18.1
	10	26.4	9.5	15.6	11.6	13.3	14.5
	11	15.4	0.1	8.2	7.0	8.8	10.7
	12	9.4	-3.1	1.9	3.9	2.1	6.5
2020	1	6.9	-3.3	0.1	0.6	2.3	6.2
	2	12.5	-0.3	4.5	3.9	4.7	6.6
	3	23.1	2.3	12.0	10.4	10.2	9.9
	4	29.9	6.9	16.7	14.9	14.3	13.2
	5	30.8	15.2	21.6	21.7	20.6	18.5
	6	31.9	20.4	26.6	27.1	25.4	24.0
	7	29.5	22.5	25.4	24.1	23.5	23.0
	8	30.2	21.8	25.9	24.3	23.7	20.4
	9	28.4	17.1	22.2	21.8	22.2	22.2
	10	19.8	8.6	14.5	16.7	17.2	17.6
	11	15.0	1.7	8.4	12.8	13.8	14.8
	12	10.7	-1.5	1.1	5.5	6.7	8.0
2021	1	28.2	-1.4	-0.6	0.7	2.3	6.0
	2	30.2	-1.3	4.8	3.8	4.5	6.3
	3	29.2	3.9	9.6	9.8	9.7	9.4
	4	31.6	5.7	15.2	14.0	13.5	12.6
	5	30.5	16.7	19.2	20.6	19.5	17.5
	6	30.2	19.7	23.4	26.0	24.2	22.9
	7	31.1	20.2	26.4	22.9	22.4	21.9
	8	27.8	21.6	26.1	23.3	22.7	20.3
	9	29.3	18.2	22.2	21.1	21.5	20.6
	10	21.4	7.6	14.1	16.0	16.5	17.0
	11	17.1	1.1	8.2	12.7	13.5	14.4
	12	10.9	-0.5	3.5	5.5	6.6	7.8

4.5 辐射数据集

4.5.1 概　述

本数据集包括河北太行山站常规气象要素综合观测场 2013—2021 年辐射（日照时数、总辐射量）数据。

4.5.2 数据采集和处理方法

辐射数据采集参照《森林生态系统长期定位观测方法》(GB 33027—2016) 中 6.1.3.4，每 30 分钟采集 1 次辐射数据，正点采集存储辐照度，同时记录存储曝辐量（累计值）。观测高度为 1.5 米。系统软件设置后，从数据采集器下载的数据文件可包括瞬时值、每日逐时、逐日数据。在质控数据的基础上，一月中辐射曝辐量日总量缺测 9 天或以下时，月累积等于实有日记录之和。缺测 10 天或以上时，该月不做月统计，按缺测处理。

4.5.3 数据质量控制和评估

辐射数据控制不仅要看辐射观测数据还要检查其与云量、降水等数据的一致性，以提高观测质量。辐射观测的审核是以基本物理机制为指导，判定辐射参数间与气象要素间的内部关系，同时也考虑有关这些参数时空变化的统计规律。

4.5.4 数 据

常规气象要素综合观测场辐射数据见表 4-9。

表 4-9 常规气象要素综合观测场辐射

年份	月份	月累积日照时数（小时）	月累计总辐射（兆焦/平方米）
2013	1	194	215.55
	2	168	201.05
	3	260	375.26
	4	270	484.29
	5	299	490.78
	6	257	441.36
	7	257	437.32
	8	303	523.34
	9	234	368.86
	10	237	335.01
	11	207	279.62
	12	187	216.09
2014	1	199	216.02
	2	154	180.95
	3	263	386.67
	4	261	447.86
	5	341	647.40
	6	301	532.12
	7	303	522.23
	8	292	498.79
	9	209	325.97
	10	205	280.28

（续）

年份	月份	月累积日照时数（小时）	月累计总辐射（兆焦/平方米）
2014	11	187	239.66
	12	203	240.12
2015	1	188	215.08
	2	182	221.15
	3	256	363.85
	4	278	520.71
	5	314	620.10
	6	314	580.19
	7	306	540.68
	8	293	522.99
	9	223	379.02
	10	215	366.40
	11	179	203.29
	12	165	175.85
2016	1	171	214.58
	2	186	259.94
	3	194	254.33
	4	249	370.58
	5	281	547.14
	6	288	557.50
	7	300	561.06
	8	259	425.84
	9	247	456.97
	10	207	308.25
	11	168	216.46
	12	159	174.29
2017	1	180	206.15
	2	207	272.42
	3	269	402.73
	4	283	537.98
	5	348	732.91
	6	311	628.29
	7	284	525.76
	8	269	460.01
	9	281	463.16
	10	167	255.80
	11	213	293.33
	12	202	242.99
2018	1	176	210.77
	2	208	307.27
	3	256	418.10

（续）

年份	月份	月累积日照时数（小时）	月累计总辐射（兆焦/平方米）
2018	4	265	487.40
	5	302	622.41
	6	326	666.85
	7	292	454.27
	8	274	441.87
	9	265	468.81
	10	263	441.68
	11	206	255.60
	12	194	217.52
2019	1	199	231.52
	2	182	235.80
	3	287	483.86
	4	280	513.47
	5	358	778.06
	6	330	653.88
	7	328	605.02
	8	293	538.15
	9	257	498.66
	10	220	338.76
	11	174	219.81
	12	178	220.19
2020	1	188	224.30
	2	186	291.58
	3	278	515.31
	4	298	646.58
	5	310	678.62
	6	332	605.63
	7	287	485.29
	8	269	485.95
	9	271	522.95
	10	260	400.12
	11	171	244.05
	12	175	219.00
2021	1	214	276.46
	2	211	304.57
	3	230	384.32
	4	289	543.29
	5	337	728.70
	6	318	646.39
	7	290	503.69
	8	298	529.35

（续）

年份	月份	月累积日照时数（小时）	月累计总辐射（兆焦/平方米）
2021	9	213	355.88
	10	201	308.64
	11	190	283.92
	12	193	249.24

4.6 降水量数据集

4.6.1 概 述

本数据集包括河北太行山站常规气象要素综合观测场2013—2021年月累积降水量数据和一站多点森林小气候观测场2021年月累积降水量数据。

4.6.2 数据采集和处理方法

降水量数据采集参照《森林生态系统长期定位观测方法》（GB 33027—2016）中6.1.3.4，采用自动记录雨量计测定降水量，采样频率为1次/30分钟，计算、存储1小时的累积降水量，逐小时降水量加和为逐日降水量，逐日降水量加和为逐月降水量数据，观测高度为距地面70厘米。

4.6.3 数据质量控制和评估

降水强度超出气候学界限值域0.005～250毫米/分钟的数据为错误数据；一日中各时降水量缺测数小时但不是全天缺测时，按实有记录做日合计。全天缺测时，不做日合计，按缺测处理。翻斗式雨量计每年进入雨季之前进行检验。方法：以800毫升水以匀速、缓慢倒入盛水漏斗，记录翻斗次数（每斗0.2毫米），反复实验几次，翻斗次数在100±1次。

4.6.4 数 据

常规气象要素综合观测场降水量数据见表4-10。

表4-10　常规气象要素综合观测场降水量

年份	月份	月累积降水量（毫米）
2013	1	0.2
	2	5.7
	3	11.7
	4	0.3
	5	29.0
	6	86.6
	7	147.8
	8	49.3

（续）

年份	月份	月累积降水量（毫米）
2013	9	52.3
	10	9.1
	11	7.4
	12	0.0
2014	1	0.0
	2	8.1
	3	0.8
	4	26.4
	5	27.9
	6	9.7
	7	56.1
	8	23.1
	9	70.4
	10	11.4
	11	0.8
	12	0.0
2015	1	0.3
	2	5.8
	3	15.0
	4	34.8
	5	73.7
	6	22.6
	7	32.3
	8	99.6
	9	108.2
	10	15.1
	11	61.7
	12	0.5
2016	1	9.8
	2	16.5
	3	15.5
	4	0.0
	5	17.3
	6	18.5
	7	91.2
	8	549.7
	9	31.2
	10	65.0
	11	23.1
	12	4.3

（续）

年份	月份	月累积降水量（毫米）
2017	1	0.3
	2	5.1
	3	15.0
	4	29.0
	5	28.7
	6	36.1
	7	103.1
	8	132.3
	9	0.8
	10	140.5
	11	0.5
	12	0.8
2018	1	0.0
	2	0.0
	3	3.8
	4	59.7
	5	59.2
	6	18.3
	7	50.5
	8	163.8
	9	14.2
	10	7.6
	11	3.8
	12	0.5
2019	1	0.0
	2	5.3
	3	0.0
	4	64.0
	5	7.1
	6	32.5
	7	96.5
	8	100.1
	9	31.2
	10	50.8
	11	5.6
	12	2.3
2020	1	7.4
	2	4.3
	3	13.5
	4	22.9
	5	65.0

（续）

年份	月份	月累积降水量（毫米）
2020	6	72.1
	7	76.7
	8	251.2
	9	73.9
	10	0.3
	11	27.4
	12	10.2
2021	1	1.0
	2	22.9
	3	28.2
	4	6.6
	5	54.4
	6	32.5
	7	387.1
	8	52.6
	9	216.4
	10	174.2
	11	30.7
	12	2.2

森林小气候观测场降水量数据见表 4-11。

表 4-11　一站多点森林小气候观测场降水量

年份	观测场编码	月份	降水量（毫米）
2021	THSDCGQX01	1	1.4
		2	9.7
		3	13.8
		4	9.9
		5	25.0
		6	30.6
		7	277.7
		8	85.3
		9	222.2
		10	161.4
		11	7.3
		12	0.7
	THSDCGQX02	1	13.1
		2	44.2
		3	8.1
		4	59.5
		5	26.8
		6	27.8
		7	372.5

（续）

年份	观测场编码	月份	降水量（毫米）
2021		8	43.1
		9	171.6
		10	87.1
		11	2.3
		12	0.0
	THSDCGQX03	1	0.0
		2	16.0
		3	21.4
		4	67.5
		5	36.7
		6	52.1
		7	337.2
		8	34.8
		9	193.1
		10	122.5
		11	0.0
		12	0.0
	THSDCGQX04	1	0.0
		2	10.6
		3	46.0
		4	14.9
		5	51.9
		6	106.0
		7	395.1
		8	10.6
		9	128.4
		10	108.5
		11	10.1
		12	0.3
	THSDCGQX05	1	0.0
		2	0.0
		3	9.6
		4	1.3
		5	0.0
		6	0.7
		7	87.5
		8	13.8
		9	106.4
		10	14.3
		11	0.2
		12	0.0

4.7 水面蒸发数据集

4.7.1 概 述

本数据集包括河北太行山站常规气象要素综合观测场 2015—2021 年水面蒸发量数据。

4.7.2 数据采集和处理方法

水面蒸发数据采集参照《森林生态系统长期定位观测方法》(GB 33027—2016) 中 6.1.3.4，采用 DF-XZF 自动测定系统测定，采样频率为每分钟 1 次，设置仪器输出为逐日累积蒸发量，逐日蒸发量累加得到逐月累积蒸发量。日累积蒸发量缺测 6 次或者以上时，不做月统计。

4.7.3 数据质量控制和评估

蒸发强度超出气候学界限值域 100 毫米 / 分钟的数据为错误数据；某一定时水面蒸发量缺测时，用前、后两定时数据内插求得，按正常数据统计，若连续两个或以上定时数据缺测时，不能内插，仍按缺测处理。

4.7.4 数 据

常规气象要素综合观测场月累积水面蒸发量数据见表 4-12。

表 4-12 常规气象要素综合观测场月累积水面蒸发量

年份	月份	月累积水面蒸发量（毫米）
2015	1	28.7
	2	58.1
	3	65.7
	4	162.0
	5	171.1
	6	163.4
	7	142.2
	8	126.3
	9	99.6
	10	76.7
	11	69.2
	12	64.6
2016	1	22.6
	2	56.9
	3	60.1
	4	156.9
	5	180.8

（续）

年份	月份	月累积水面蒸发量（毫米）
2016	6	177.2
	7	170.4
	8	121.6
	9	132.3
	10	74.4
	11	63.7
	12	67.6
2017	1	20.9
	2	53.9
	3	97.1
	4	151.6
	5	201.5
	6	174.2
	7	146.1
	8	124.3
	9	139.9
	10	58.2
	11	78.1
	12	42.8
2018	1	65.2
	2	48.3
	3	90.8
	4	118.9
	5	239.5
	6	201.8
	7	161.9
	8	146.7
	9	104.7
	10	77.7
	11	61.9
	12	41.2
2019	1	28.0
	2	46.0
	3	128.7
	4	151.5
	5	151.3
	6	96.1
	7	118.7
	8	105.7
	9	96.9
	10	80.0

（续）

年份	月份	月累积水面蒸发量（毫米）
2019	11	85.7
	12	34.4
2020	1	27.9
	2	51.2
	3	93.8
	4	160.5
	5	173.1
	6	199.3
	7	77.2
	8	95.4
	9	107.0
	10	86.0
	11	44.5
	12	29.7
2021	1	43.0
	2	66.2
	3	134.9
	4	131.0
	5	149.2
	6	96.7
	7	76.8
	8	65.6
	9	62.3
	10	81.2
	11	65.8
	12	47.6

第五章 河北太行山站森林小气候梯度要素数据集

河北太行山站在刺槐次生林综合观测场，对《森林生态系统长期定位观测指标体系》（GB/T 35377—2017）中 3.4 节规定的森林小气候梯度要素观测指标进行观测，汇总整理后形成森林小气候梯度要素数据集。具体观测指标、频度和时间见表 5-1。

表 5-1　河北太行山站小气候梯度要素观测指标

指标类别	观测指标	单位	观测频度
天气现象	气压	帕	连续观测
风速、风向	冠层上3米风向	°	
	地被层风向	°	
	冠层上3米	米/秒	
	冠层中部		
	距离地面1.5米		
	地被层		
空气温湿度	冠层上3米温湿度	℃，%	
	冠层中部温湿度		
	距离地面1.5米温湿度		
	地被层温湿度		
土壤温湿度	5厘米土壤温湿度		
	10厘米深度土壤温湿度		
	20厘米深度土壤温湿度		
	40厘米深度土壤温湿度		
	80厘米深度土壤温湿度		
辐射量	冠层上3米总辐射	兆焦/平方米	

5.1 气压数据集

5.1.1 概　述

本数据集包括河北太行山站刺槐次生林综合观测场 2021 年月平均气压数据。

5.1.2 数据采集和处理方法

同 4.1 气压数据采集与处理方法。

5.1.3 数据质量控制和评估

同 4.1 气压数据质量控制和评估方法。

5.1.4 数　据

刺槐次生林综合观测场气压见表 5-2。

表 5-2　刺槐次生林综合观测场气压

年份	月份	气压月平均（帕）
2021	1	98034
	2	97807
	3	97240
	4	97428
	5	95308
	6	96239
	7	96050
	8	96473
	9	97033
	10	96911
	11	96783
	12	98294

5.2 风速、风向数据集

5.2.1 概　述

本数据集包括河北太行山站刺槐次生林综合观测场 2021 年不同层次（冠层上 3 米、冠层中部、距离地面 1.5 米、地被层）风速、风向数据。

5.2.2 数据采集和处理方法

同 4.2 风速、风向数据采集与处理方法。

5.2.3 数据质量控制和评估

同 4.2 风速、风向数据质量控制和评估方法。

5.2.4 数　据

刺槐次生林综合观测场风速、风向见表 5-3。

表 5-3　刺槐次生林综合观测场风速、风向

年份	月份	10分钟平均风速月平均（米/秒）				月最多风向	
		冠层上3米	冠层中部	距离地面1.5米	地被层	冠层上3米	地被层
2021	1	1.7	1.4	1.1	0.6	N	NE
	2	1.5	1.2	0.8	0.5	W	W
	3	1.3	1	0.6	0.4	NW	N
	4	1.4	1.1	0.7	0.4	N	NW
	5	1.5	1.2	0.8	0.5	WS	W
	6	1.1	0.8	0.5	0.3	WS	W
	7	0.8	0.6	0.2	0.1	WS	W
	8	0.9	0.6	0.2	0.1	WS	W
	9	0.8	0.6	0.2	0.1	WS	WS
	10	0.9	0.7	0.3	0.2	N	N
	11	1.8	1.5	1.1	0.7	NE	NE
	12	1.7	1.4	1	0.6	NE	E

5.3 空气温湿度数据集

5.3.1 概　述

本数据集包括河北太行山站刺槐次生林综合观测场 2021 年不同层次（冠层上 3 米、冠层中部、距离地面 1.5 米、地被层）空气月平均温湿度数据。

5.3.2 数据采集和处理方法

同 4.3 空气温湿度数据采集与处理方法。

5.3.3 数据质量控制和评估

同 4.3 空气温湿度数据质量控制和评估方法。

5.3.4 数 据

刺槐次生林综合观测场空气温湿度见表 5-4。

表 5-4 刺槐次生林综合观测场空气温湿度

年份	月份	空气温度月平均（℃）				空气湿度月平均（%）			
		冠层上3米	冠层中部	距离地面1.5米	地被层	冠层上3米	冠层中部	距离地面1.5米	地被层
2021	1	-0.8	-1.1	-0.7	-0.7	46	42	40	43
	2	5.6	5.1	6.0	6.1	49	46	44	46
	3	8.4	7.6	8.9	9.0	55	52	50	52
	4	13.5	12.5	14.3	14.4	59	56	54	56
	5	19.5	18.3	20.6	20.7	56	52	50	53
	6	24.1	22.6	25.4	25.4	67	64	61	64
	7	24.1	22.4	25.7	25.7	94	90	88	91
	8	22.1	20.2	24.0	24.2	93	89	87	90
	9	18.8	16.6	20.9	20.9	95	92	90	92
	10	10.5	8.1	12.8	12.9	79	76	74	76
	11	5.9	3.2	8.5	8.5	59	55	53	56
	12	0.5	-2.4	3.3	3.4	53	50	48	50

5.4 土壤温湿度数据集

5.4.1 概 述

本数据集包括河北太行山站刺槐次生林综合观测场 2021 年冠层上不同层次（5 厘米、10 厘米、20 厘米、40 厘米、80 厘米）土壤温湿度。

5.4.2 数据采集和处理方法

同 4.4 土壤温湿度采集与处理方法。

5.4.3 数据质量控制和评估

同 4.4 土壤温湿度数据质量控制和评估方法。

5.4.4 数　据

刺槐次生林综合观测场土壤温湿度月平均见表 5-5。

表 5-5　刺槐次生林综合观测场土壤温湿度月平均

年份	月份	土壤湿度（%）					土壤温度（℃）				
		5厘米	10厘米	20厘米	40厘米	80厘米	5厘米	10厘米	20厘米	40厘米	80厘米
2021	1	10.6	12.2	11.3	12.5	8.4	7.6	8.0	8.4	9.2	13.2
	2	9.7	12.7	11.7	11.5	8.9	9.6	9.4	9.4	9.6	13.6
	3	17.6	19.5	19.2	17.9	12.5	10.4	10.2	10.2	10.4	14.4
	4	13.5	16.9	16.8	17.4	13.9	16.7	15.8	15.6	15.1	15.1
	5	12.1	14.8	14.7	15.3	13.4	21.7	20.3	19.8	19.0	15.4
	6	10.1	12.6	12.5	12.6	11.2	21.5	21.7	21.5	20.9	15.9
	7	18.7	20.9	21.5	23.1	21.3	24.1	23.5	23.3	22.9	16.4
	8	20.3	22.5	23.6	21.8	24.3	24.3	23.7	23.5	23.3	16.8
	9	14.7	17.3	15.7	17.2	17.9	22.2	22.2	22.2	22.2	16.7
	10	12.0	14.8	14.1	15.6	13.7	16.7	17.2	17.5	18.0	16.0
	11	12.5	13.2	10.8	11.8	9.4	12.8	13.8	14.4	15.4	15.4
	12	13.6	14.9	11.4	11.2	8.8	5.5	6.7	7.3	8.8	13.8

5.5 辐射数据集

5.5.1 概　述

本数据集包括河北太行山站刺槐次生林综合观测场 2021 年冠层上 3 米总辐射数据。

5.5.2 数据采集和处理方法

同 4.5 总辐射数据采集与处理方法。

5.5.3 数据质量控制和评估

同 4.5 总辐射数据质量控制和评估方法。

5.5.4 数　据

刺槐次生林综合观测场辐射见表 5-6。

表 5-6　刺槐次生林综合观测场辐射

年份	月份	月累积总辐射（兆焦/平方米）
2021	1	266.37
	2	325.42
	3	373.83
	4	545.06
	5	707.10
	6	648.18
	7	489.34
	8	514.18
	9	357.50
	10	300.59
	11	285.51
	12	243.10

第六章

河北太行山站森林群落学特征数据集

河北太行山站在刺槐次生林、核桃人工林、石榴人工林、枣树人工林、栎类混交次生林、黄栌次生林、荆条次生灌丛、油松人工林综合观测场，以及垂直生态样带群观测场，对 GB/T 35377—2017 中 3.8 节和 3.11 规定的森林群落学特征观测指标（森林群落主要成分、群落生物量、植被碳储量和物候）进行观测，汇总整理后形成森林群落学特征要素数据集。其中，核桃林、石榴林和枣树林因每年进行割灌和除草处理，因此不做灌木层和草本层观测；荆条灌丛不做乔木层观测。具体观测指标、频度和时间见表 6-1。

表 6-1　河北太行山站森林群落学特征观测指标

指标类别	观测指标		单位	观测频度
森林群落主要成分	起源			观测1次
	乔木	林龄	年	每5年1次
		种名		
		树高	米	
		胸径	厘米	
		密度	株/公顷	
		郁闭度	%	
		枝下高	米	
		冠幅		
	灌木	种名		
		平均基径	厘米	
		平均高度	米	
		盖度	%	
		多度		
		分布情况		
	草本	种名		
		盖度	%	
		高度	厘米	
	幼苗幼树	种类		每5年1次
		密度	株/公顷	
		高度	厘米	
		基径	厘米	

（续）

指标类别	观测指标	单位	观测频度	出版频度
森林群落乔木层生物量	树年生长量	米	每5年1次	每5年1次
	胸径年生长量	厘米		
	乔木层各器官的生物量	千克/公顷		
	灌木和草本层地上和地下生物量			
植被碳储量	乔木层碳储量	吨/公顷		
	灌木层碳储量			
	草本层碳储量			
	凋落物碳储量			
物候	乔木和灌木：芽开放期、展叶期、花蕾或花序出现期、开花期、果实或种子成熟期、叶变色期和落叶期	年-月-日	连续观测	每年1次

6.1 森林群落主要成分数据集

6.1.1 概　述

本数据集包括河北太行山站刺槐次生林、核桃人工林、石榴人工林、枣树人工林、栎类混交次生林、黄栌次生林、荆条次生灌丛、油松人工林综合观测场乔木层主特征（起源、林龄、郁闭度、种名、平均树高、平均胸径、密度、枝下高、平均冠幅）、灌木层特征（种名、密度、平均基径、平均高度、盖度、多度、分布情况）、草木层特征（种名、平均高度、盖度分布情况）和幼苗幼树层特征（种名、密度、平均高度、平均基径）数据。

6.1.2 数据采集和处理方法

乔木层特征观测参照《森林生态系统长期定位观测方法》(GB 33027—2016）中 7.1.3.5 和8.5.3.7，其中起源数据根据历史资料、访问或株行距确定，赋值标准为起源为天然林为2，人工林为 1，观测频率为观测 1 次；调查并记录所有植物种种名、学名，胸径≥ 1.0 厘米的各类树种的胸径、树高、冠幅，按样方观测群落郁闭度，然后按每木调查数据，计算林分每种乔木的平均高度、平均胸径、平均冠幅、平均枝下高和密度，观测频率为每5年观测1次。

灌木层观测调查参照《森林生态系统长期定位观测方法》(GB 33027—2016）中 7.1.3.5 和 8.5.3.7，灌木层观测在每个 20 米 ×20 米样方随机选取 5 个 5 米 × 5 米的样方，调查并记录灌木种名，调查株数(丛数)、基径、株高，采用目测估计法，用 Drude 的 7 级制(SOC、COP3、COP2、COP1、SP、SOL、UN）划分多度，采用样线法测定盖度。在质控基础上，不同灌木种在各样方株数（丛数）、基径、株高、盖度分别累加，除以总样方数，得到样地灌木层各种植物的密度、平均基径、平均株高、盖度；统计不同灌木种多度等级在所有样方中最大出现频率，为该灌木种样地尺度的多度等级；根据不同灌木中在样方中出现频率，确定其分布情况（集群、均匀和随机分布）；观测频率为每 5 年观测 1 次。

草本层特征观测参照《森林生态系统长期定位观测方法》（GB 33027—2016）中 7.1.3.5 和 8.5.3.7，每个 20 米 ×20 米样方内设置 5 个 1 米 ×1 米的草本小样方，调查并记录草本层种类、高度，采用样线法测定盖度。在质控基础上，不同草本在各样方株高和盖度分别累加，除以总样方数，得到样地草本层各种植物的平均株高和盖度；根据不同灌木中在样方中出现频率，确定其分布情况（集群、均匀和随机分布）；观测频率为每 5 年观测 1 次。

幼苗幼树层特征观测参照《森林生态系统长期定位观测方法》（GB 33027—2016）中 7.1.3.5 和 8.5.3.7，幼树和幼苗分别随同灌木层或草本层一起调查，调查并记录幼苗幼树种类、高度、基径。在质控基础上，不同幼苗幼树在各样方株高和盖度分别累加，除以总样方数，得到样地幼苗幼树层各种植物的平均基径、株高和盖度；观测频率为每 5 年观测 1 次。

6.1.3 数据质量控制和评估

调查前，对参与调查的人员进行集中技术培训，并固定采样人员，减少人为误差；对于不能当场鉴定的植物种，应采集带有花或果的标本，带回实验室鉴定。没有花或果的作好标记，以备在花果期进行鉴定取样后；调查人和记录人及时对原始记录进行核查，发现错误及时纠正；数据录入过程的质量控制，及时记录数据并进行审核和检查，运用统计分析方法对观测数据进行初步分析，以便及时发现调查工作存在的问题，及时与质量负责人取得联系，以进一步核实测定结果的准确性。发现数据缺失和可疑数据时，及时进行必要的补测和重测；数据质量评估。将所获取的数据与各项辅助信息数据以及历史数据信息进行比较，评价数据的正确性、一致性、完整性、可比性和连续性。

6.1.4 数　据

森林综合观测场森林起源见表 6-2。

表 6-2　森林综合观测场森林起源

观测场编码	森林类型	起源
THSDFZ01	刺槐林	天然林
THSDFZ02	核桃林	人工林
THSDFZ03	石榴林	人工林
THSDFZ04	枣树林	人工林
THSDFZ05	栎类混交林	天然林
THSDFZ06	黄栌林	天然林
THSDFZ07	荆条、酸枣灌丛	天然林
THSDFZ08	油松林	人工林

森林综合观测场乔木层特征见表6-3。

表6-3 森林综合观测场乔木层特征

年份	观测场编码	林龄（年）	郁闭度（%）	种名	平均树高（米）	平均胸径（厘米）	密度（株/公顷）	平均枝下高（米）	平均冠幅（米）
2016	THSDFZ01	21	81	刺槐	4.2	6.0	1107	2.5	3.5
				核桃	5.1	7.8	13	2.1	3.9
				黄栌	4.7	5.5	124	3.0	3.3
				蒙古栎	6.3	9.8	139	4.1	4.2
				山杨	6.3	6.6	42	2.2	3.2
				栓皮栎	5.8	4.8	30	3.7	3.3
				构树	3.6	4.6	10	2.4	1.9
				苦楝树	4.8	5.4	107	3.6	2.1
				臭椿	4.3	6.2	45	3.4	1.4
	THSDFZ02	14	54	核桃	4.2	13.3	930	1.3	4.3
	THSDFZ03	20	48	石榴	2.8	4.5	1620	0.8	3.1
	THSDFZ04	17	45	枣树	3.1	4.5	1480	1.2	3.3
	THSDFZ05	31	82	蒙古栎	12.5	17.5	972	8.2	5.2
				栓皮栎	12.1	16.7	703	7.8	4.8
				黄栌	4.0	7.3	19	3.0	2.1
				臭椿	3.5	6.7	23	2.8	2.0
	THSDFZ06	24	45	黄栌	5.5	8.9	1270	3.1	4.1
				构树	3.5	3.7	30	2.4	2.0
				刺槐	4.3	5.3	60	2.2	3.1
				山杨	4.5	6.6	42	2.5	3.2
				臭椿	3.6	4.8	85	2.9	2.4
	THSDFZ08	27	63	油松	12.5	16.8	1350	4.5	4.2
2021	THSDFZ01	26	82	刺槐	6.2	7.9	1113	4.6	4.1
				核桃	6.4	10.8	15	5.0	4.0
				黄栌	5.7	6.7	177	4.9	3.3
				蒙古栎	7.6	11.4	143	4.8	5.4
				山杨	9.6	11.8	45	5.5	3.3
				栓皮栎	6.9	6.2	34	4.5	3.5
				构树	4.7	6.2	13	3.0	2.2
				苦楝树	5.5	6.8	21	3.3	2.3
				臭椿	5.8	7.2	34	4.1	1.7
	THSDFZ02	19	57	核桃	4.8	16.9	931	1.3	4.5
	THSDFZ03	25	50	石榴	3.0	6.9	1618	0.9	3.3
	THSDFZ04	22	46	枣树	3.3	6.1	1465	1.3	3.6
	THSDFZ05	36	86	蒙古栎	13.0	18.7	1013	8.4	5.3
				栓皮栎	12.9	17.3	681	8.2	4.8
				黄栌	4.3	6.8	35	3.2	2.2
				臭椿	3.5	6.7	21	2.8	1.9

（续）

年份	观测场编码	林龄（年）	郁闭度（%）	种名	平均树高（米）	平均胸径（厘米）	密度（株/公顷）	平均枝下高（米）	平均冠幅（米）
2021	THSDFZ06	29	44	黄栌	5.9	9.7	1420	3.4	4.2
				构树	3.8	4.2	30	2.6	2.1
				刺槐	4.8	5.9	60	2.7	3.3
				山杨	5.3	7.9	37	2.7	3.0
				臭椿	3.9	5.4	127	2.8	2.5
	THSDFZ08	32	64	油松	13.7	18.1	1318	5.2	4.7

垂直生态样带群观测场乔木层特征见表6-4。

表6-4　垂直生态样带群观测场乔木层特征

年份	观测场编码	样地序号	郁闭度（%）	林分密度（株/公顷）	平均胸径（厘米）	平均树高（米）
2019	THSDYD01	1	71	1845	9.4	6.5
		2	63	1410	11.6	6.5
		3	57	1710	7.5	5.0
		4	59	1620	10.2	5.5
		5	53	1070	8.9	5.5
	THSDYD02	1	40	930	13.0	7.0
		2	79	1560	15.2	13.0
		3	32	465	5.8	2.0
		4	80	855	15.5	4.0
		5	40	1200	11.4	4.5
		6	33	1515	4.8	3.2
		7	75	1380	17.5	12.5
		8	58	2505	6.5	3.5
	THSDYD03	1	38	1035	5.7	4.0
		2	30	2340	3.2	3.0
		3	65	1500	9.4	4.0
		4	59	1860	2.2	1.5
		5	57	1710	10.5	6.5
		6	84	1875	15.7	8.0
	THSDYD04	1	80	945	13.1	3.5
		2	77	1545	4.7	4.0
		3	77	3210	2.8	1.7
		4	34	4055	1.2	0.6
		5	66	2430	2.4	2.7
		6	47	780	8.0	4.0
		7	62	1245	10.2	4.5
		8	71	1455	12.4	8.0
	THSDYD05	1	86	1320	22.5	18.5
		2	50	2085	8.8	2.3

（续）

年份	观测场编码	样地序号	郁闭度（%）	林分密度（株/公顷）	平均胸径（厘米）	平均树高（米）
2019	THSDYD05	3	79	1545	3.8	2.6
		4	75	1845	3.7	1.2
		5	66	3120	6.9	6.0
		6	58	1395	4.2	3.5
		7	76	1290	18.9	6.0
		8	34	1245	3.7	2.5
		9	31	4695	2.1	0.4
		10	71	1170	1.7	0.8
		11	53	1170	13.4	10.0
	THSDYD06	1	73	1675	3.4	2.0
		2	57	1750	6.5	1.4
		3	79	1570	12.4	6.5
		4	64	1410	11.7	4.5
		5	93	615	38.5	18.5
		6	81	2820	8.4	6.7
		7	63	1875	2.8	1.5
		8	51	2835	8.7	5.5
		9	83	1410	20.4	12.5
	THSDYD07	1	75	1035	18.7	13.5
		2	43	1045	7.4	3.5
		3	82	2505	2.5	1.7
		4	86	1905	7.2	3.5
		5	82	795	24.4	15.5
		6	70	1545	16.7	4.5
		7	82	525	30.4	18.5
		8	75	1005	16.7	10.5
		9	68	1335	15.2	5.5
		10	31	1035	6.0	2.4
		11	33	1545	4.5	3.2
	THSDYD08	1	71	1185	13.1	3.6
		2	60	1160	13.0	3.4
		3	78	2670	2.6	1.8
		4	45	1125	6.1	4.0
		5	41	1395	5.7	2.5
		6	42	1410	5.4	4.7
		7	32	1245	5.5	3.6
		8	72	1515	8.7	9.0
		9	84	855	29.2	21.2
		10	40	1350	2.0	1.6
	THSDYD09	1	59	1365	7.1	4.7

（续）

年份	观测场编码	样地序号	郁闭度（%）	林分密度（株/公顷）	平均胸径（厘米）	平均树高（米）
2019	THSDYD09	2	69	1335	16.5	6.0
		3	77	1305	12.4	5.0
		4	52	1725	6.2	6.5
		5	79	2205	7.0	4.8
		6	67	1035	24.9	20.0
		7	58	1635	6.2	3.0
		8	37	1305	5.5	2.6
		9	81	1665	11.0	7.5
		10	74	1410	2.7	1.8
	THSDYD10	1	58	1050	3.0	2.6
		2	67	1230	14.8	9.5
		3	77	675	24.0	14.0
		4	68	1815	2.7	1.7
		5	75	1625	3.4	1.7
		6	51	1215	7.4	5.5
		7	68	1335	13.3	5.0
		8	75	1260	14.2	13.0
		9	74	1185	18.4	12.5
		10	92	815	30.2	20.5
		11	42	1215	6.0	3.0
		12	64	855	16.0	12.0
		13	73	845	21.9	18.0
		14	89	1915	10.0	8.0
		15	71	1485	3.0	1.7
		16	24	1005	6.0	5.0
	THSDYD11	1	37	1425	3.8	2.1
		2	51	1125	9.1	2.8
		3	52	1215	12.0	4.0
		4	52	1260	6.2	4.0
		5	52	1050	8.2	3.7
		6	35	1620	4.2	3.0
		7	38	1270	3.5	2.8
		8	27	2325	2.0	1.1
		9	55	600	11.9	5.0
		10	81	1335	8.5	6.5
		11	32	795	4.5	3.0
		12	60	900	9.2	3.3
		13	71	810	3.0	1.7
		14	35	2250	1.5	1.5
		15	84	965	22.9	14.5

（续）

年份	观测场编码	样地序号	郁闭度（%）	林分密度（株/公顷）	平均胸径（厘米）	平均树高（米）
2019	THSDYD12	1	45	1200	7.1	2.6
		2	94	720	38.3	24.5
		3	62	1320	13.1	5.5
		4	43	1500	5.5	1.7
		5	61	1305	8.7	4.5
		6	51	2220	5.4	2.6
		7	63	1275	13.4	7.5
		8	57	1425	7.8	5.5
		9	59	900	14.0	10.0
		10	56	1235	8.4	4.2
		11	40	1155	7.3	4.2
		12	24	1515	4.4	2.1
		13	36	2220	4.3	2.8
		14	64	1100	16.6	7.0
		15	40	1245	6.0	6.5
		16	76	735	30.2	23.0
		17	75	1200	22.4	9.0
		18	87	885	32.7	25.5
		19	89	705	38.5	30.5
		20	67	810	17.7	15.0

森林综合观测场灌木层特征见表6-5。

表6-5　森林综合观测场灌木层特征

年份	观测场编码	种名	密度（株/公顷）	平均基径（厘米）	平均高度（米）	盖度（%）	多度	分布情况
2016	THSDFZ01	荆条	350	2.1	1.5	3.5	SP	集群分布
		连翘	90	2.0	1.8	0.7	SOL	集群分布
		忍冬	74	2.2	1.2	0.3	UM	随机分布
		鼠李	270	2.6	2.5	5.4	COP1	均匀分布
		酸枣	308	2.3	1.6	2.3	SP	集群分布
		卫矛	30	2.2	0.7	0.1	UN	随机分布
		绣线菊	428	1.9	1.5	2.1	SP	集群分布
	THSDFZ05	大花溲疏	248	1.3	0.9	1.9	SP	集群分布
		胡枝子	632	1.8	1.2	3.8	SP	集群分布
		荆条	1280	2.2	1.5	12.8	COP1	集群分布
		绣线菊	456	1.9	1.2	2.3	SP	集群分布
	THSDFZ06	连翘	240	1.9	1.5	1.9	SP	集群分布
		忍冬	135	2.3	1.2	0.5	SOL	随机分布
		酸枣	815	2.0	1.4	6.1	COP1	集群分布
		绣线菊	635	1.7	1.2	3.2	SP	集群分布

（续）

年份	观测场编码	种名	密度（株/公顷）	平均基径（厘米）	平均高度（米）	盖度（%）	多度	分布情况
2016	THSDFZ07	荆条	4440	2.2	1.6	54.4	COP2	集群分布
		酸枣	2748	2.5	1.4	20.6	COP1	集群分布
	THSDFZ08	荆条	225	2.0	1.2	2.3	SP	集群分布
		绣线菊	257	1.8	1.6	1.3	SP	集群分布
2021	THSDFZ01	胡枝子	26	2.0	1.4	0.2	UN	集群分布
		荆条	454	2.0	1.6	4.5	SP	集群分布
		连翘	101	2.2	1.7	0.9	SOL	集群分布
		忍冬	87	2.3	1.8	0.4	UN	随机分布
		鼠李	249	3.2	2.7	6.0	COP1	均匀分布
		酸枣	355	2.5	2.1	2.6	SP	集群分布
		卫矛	48	1.7	0.9	0.2	UN	随机分布
		绣线菊	467	2.3	1.6	2.8	SP	集群分布
	THSDFZ05	大花溲疏	216	1.7	0.9	2.1	SP	集群分布
		胡枝子	512	2.0	1.2	3.6	SP	集群分布
		荆条	1312	2.4	1.7	13.1	COP1	集群分布
		绣线菊	584	2.1	1.4	2.9	SP	集群分布
	THSDFZ06	连翘	140	2.3	1.9	1.1	SP	集群分布
		忍冬	155	2.6	1.8	0.6	SOL	随机分布
		酸枣	1020	2.2	1.7	7.7	COP1	集群分布
		绣线菊	835	1.9	1.4	4.2	SP	集群分布
	THSDFZ07	荆条	4478	2.4	1.8	58.8	COP2	集群分布
		酸枣	2775	2.8	1.5	20.8	COP1	集群分布
	THSDFZ08	荆条	201	2.4	1.3	2.0	SP	集群分布
		绣线菊	227	1.9	1.7	1.1	SP	集群分布

森林综合观测场草本层特征见表 6-6。

表 6-6 森林综合观测场草本层特征

年份	观测场编码	种名	平均高度（厘米）	盖度（%）	分布情况
2016	THSDFZ01	猪毛菜	5	3.6	集群分布
		灰绿藜	6	1.2	集群分布
		播娘蒿	30	0.6	集群分布
		天蓝苜蓿	4	6.6	集群分布
		香豌豆	8	3.6	集群分布
		华北粉背蕨	13	6.3	集群分布
		远志	23	0.6	集群分布
		鬼针草	24	2.7	集群分布
		黄背草	24	14.1	随机分布
		狗尾草	15	2.7	集群分布
		照山白	14	0.3	集群分布
		三花莸	17	0.3	集群分布

（续）

年份	观测场编码	种名	平均高度（厘米）	盖度（%）	分布情况
2016	THSDFZ01	夏至草	13	0.3	集群分布
		扁担杆	33	0.3	集群分布
		茜草	13	0.3	集群分布
		茅草	24	9.3	均匀分布
	THSDFZ05	猪毛菜	4	3.0	集群分布
		播娘蒿	26	0.9	集群分布
		华北粉背蕨	14	4.6	集群分布
		鬼针草	23	3.7	集群分布
		夏至草	16	0.2	集群分布
		扁担杆	30	0.2	集群分布
		茅草	26	9.7	均匀分布
	THSDFZ06	茭茭草	15	5.0	集群分布
		远志	27	0.8	集群分布
		鬼针草	27	3.8	集群分布
		黄背草	28	19.7	随机分布
		狗尾草	26	3.8	集群分布
		照山白	14	0.3	集群分布
		三花莸	17	0.1	集群分布
		扁担杆	28	0.2	集群分布
		茜草	11	0.4	集群分布
		茅草	18	13.0	均匀分布
	THSDFZ07	猪毛菜	8	1.1	集群分布
		黄背草	26	3.4	随机分布
		茅草	24	2.1	均匀分布
	THSDFZ08	鬼针草	25	12.8	集群分布
		黄背草	27	19.9	随机分布
		狗尾草	16	6.8	集群分布
		茅草	23	19.2	均匀分布
2021	THSDFZ01	猪毛菜	6	3.8	集群分布
		灰绿藜	7	1.2	集群分布
		播娘蒿	30	0.8	集群分布
		天蓝苜蓿	5	6.7	集群分布
		香豌豆	9	3.4	集群分布
		华北粉背蕨	14	6.4	集群分布
		远志	24	0.5	集群分布
		鬼针草	25	2.8	集群分布
		黄背草	24	13.9	随机分布
		狗尾草	17	2.8	集群分布
		照山白	16	0.1	集群分布
		三花莸	17	0.1	集群分布
		夏至草	13	0.1	集群分布

（续）

年份	观测场编码	种名	平均高度（厘米）	盖度（%）	分布情况
2021	THSDFZ01	扁担杆	34	0.4	集群分布
		茜草	14	0.3	集群分布
		茅草	25	9.2	均匀分布
		蚂蚱腿子	11	0.2	集群分布
		野青茅	19	1.1	集群分布
		芨芨草	13	0.7	集群分布
	THSDFZ05	猪毛菜	4	3.2	集群分布
		播娘蒿	27	0.5	集群分布
		华北粉背蕨	14	5.7	集群分布
		鬼针草	22	5.1	集群分布
		夏至草	11	0.3	集群分布
		扁担杆	30	0.3	集群分布
		茅草	27	8.4	均匀分布
	THSDFZ06	芨芨草	14	5.0	集群分布
		远志	28	0.8	集群分布
		鬼针草	28	3.8	集群分布
		黄背草	33	19.7	随机分布
		狗尾草	24	3.8	集群分布
		照山白	16	0.4	集群分布
		三花莸	19	0.1	集群分布
		扁担杆	31	0.2	集群分布
		茜草	12	0.4	集群分布
		茅草	21	13.0	均匀分布
	THSDFZ07	猪毛菜	9	0.9	集群分布
		黄背草	23	2.7	随机分布
		茅草	21	2.4	均匀分布
	THSDFZ08	野青茅	24	7.7	集群分布
		鬼针草	26	13.4	集群分布
		黄背草	28	18.7	随机分布
		狗尾草	17	7.4	集群分布
		茅草	25	18.7	均匀分布
		野青茅	24	6.4	集群分布

森林综合观测场幼苗幼树特征见表 6-7。

表 6-7　森林综合观测场幼苗幼树特征

年份	观测场编码	种名	密度（株/公顷）	平均高度（厘米）	平均基径（厘米）
2016	THSDFZ01	刺槐	360	37	1.1
		栾树	85	24	0.8
		蒙古栎	48	41	1.3
		臭椿	76	36	1.1
		核桃	168	97	2.0

（续）

年份	观测场编码	种名	密度（株/公顷）	平均高度（厘米）	平均基径（厘米）
2016	THSDFZ05	蒙古栎	1500	38	0.9
		栓皮栎	650	36	0.8
		山杨	248	47	1.0
	THSDFZ06	黄栌	328	17	0.4
		山杨	124	19	0.9
		臭椿	88	67	1.5
		构树	148	38	0.7
	THSDFZ08	蒙古栎	300	50	1.3
		油松	720	4	0.3
2021	THSDFZ01	刺槐	416	37	1.1
		栾树	85	24	0.8
		蒙古栎	64	46	1.6
		臭椿	92	39	1.2
		核桃	88	124	2.8
	THSDFZ05	蒙古栎	1480	59	1.5
		栓皮栎	720	38	1.0
		山杨	128	59	1.2
	THSDFZ06	黄栌	489	28	0.7
		山杨	104	34	0.9
		臭椿	84	73	1.8
		构树	124	45	1.2
	THSDFZ08	蒙古栎	364	74	1.7
		油松	980	5	0.3

6.2 群落生物量数据集

6.2.1 概 述

本数据集包括河北太行山站刺槐林、油松林、枣树林、黄栌林、核桃林、荆条林、石榴林、栎类混交林综合观测场群落生物量（乔木层不同器官、灌木和草本层地上和地下、凋落物生物量）数据。其中，核桃林、石榴林和枣树林灌木层和草本层生物量、荆条灌丛乔木层生物量不做观测，用“—”表示。

6.2.2 数据采集和处理方法

群落生物量观测参照《森林生态系统长期定位观测方法》（GB 33027—2016）中 7.3.3.2，其中乔木层生物量观测：采用标准木法，在所选样地内，进行每木调查，确定平均标准木或径级标准木，选出 3 株标准木伐倒，进行树干解析，测定各部分的质量及其他项目，测定树干、枝叶、根系鲜重，取样带回实验室，在 70 ~ 80℃烘箱内烘干至恒重，测定含水率并算出干物质生物量；灌木层生物量观测：在样地内设置 5 个 2 米 × 2 米的灌木样方，记录每一种灌木植物样地的物种名和数量，观察判断样地内每一草本植物物种所覆盖面积的百分率，选择生物量生长成熟期月份进行收割，按照植物物种，收割每一样地的灌木植物，称取其地上和地下鲜重，取样带回实验室，在 70 ~ 80℃烘箱内烘干至恒重，测定含水率并算出干物质生物量；草本层生物量观测：记录每一种草本植物样地的物种名和数量，观察判断样地内每一种草本植物物种所覆盖面积的百分率（盖度），选择生物量生长成熟期月份进行收割，按照植物物种，收割每一种样地的草本植物，称取其地上和地下鲜重，取混合样 1 千克带回烘干，计算草本植物干重，进而测算草本植物生物量。观测频率为每 5 年观测 1 次。

6.2.3 数据质量控制和评估

同 6.1 数据质量控制和评估方法。

6.2.4 数　据

森林综合观测场生物量数据见表 6-8。

表 6-8　森林综合观测场生物量

年份	观测场编码	乔木层（千克/公顷）					灌木层（千克/公顷）			草本层（千克/公顷）			总计（千克/公顷）
		树干	枝	叶	根系	合计	地上	地下	合计	地上	地下	合计	
2016	THSDFZ01	23049	11525	3006	12527	50107	4129	2298	6427	1621	1829	3450	59984
	THSDFZ02	21227	17512	4776	9552	53067		—	—	—	—	—	53067
	THSDFZ03	25868	17995	2249	10122	56234	—	—	—	—	—	—	56234
	THSDFZ04	19171	16833	2338	8416	46758	—	—	—	—	—	—	46758
	THSDFZ05	61974	13280	5534	29880	110667	1574	829	2403	811	1061	1872	114942
	THSDFZ06	17882	9686	2608	7078	37255	2148	1062	3210	1430	1760	3190	43655
	THSDFZ07	—	—	—	—	—	8986	4419	13405	843	1077	1920	15325
	THSDFZ08	79748	21860	14784	24009	140401	1312	768	2080	442	590	1032	143513
2021	THSDFZ01	26669	13890	3889	11112	55560	5066	2354	7420	1770	1917	3687	66667
	THSDFZ02	22649	18685	5096	10192	56622	—	—	—	—	—	—	56622
	THSDFZ03	27696	17310	2885	9809	57699	—	—	—	—	—	—	57699
	THSDFZ04	22219	19045	2645	8994	52903	—	—	—	—	—	—	52903
	THSDFZ05	69771	13954	7611	35520	126858	1715	845	2560	868	1004	1872	131289
	THSDFZ06	20224	13033	3595	8089	44942	2236	1194	3430	1446	1834	3280	51652
	THSDFZ07	—	—	—	—	—	9419	5381	14800	996	1344	2340	17140
	THSDFZ08	92558	24464	6626	40771	164418	1418	833	2251	476	620	1096	167759

6.3 植被碳储量数据集

6.3.1 概 述

本数据集包括河北太行山站刺槐次生林、核桃人工林、石榴人工林、枣树人工林、栎类混交次生林、黄栌次生林、荆条次生灌丛、油松人工林综合观测场群落植被碳储量（乔木层、灌木层、草本层、凋落物碳储量）数据。其中，核桃林、石榴林和枣树林灌木和草本层、荆条灌丛乔木层碳储量不做观测，用“—”表示。

6.3.2 数据采集和处理方法

植被碳储量观测参照 GB 33027—2016 中 7.3.4.4，其中：

（1）乔木层碳储量。根据乔木层各树种实测生物量和各树种含碳率相乘累加求得，其中某一树种单位面积碳储量的计算公式如下：

$$Q_D = B_s \cdot S_{soc} + B_b \cdot B_{soc} + B_l \cdot L_{soc} + B_r \cdot R_{soc} \tag{6-1}$$

式中：Q_D——某一树种单位面积碳储量（吨 / 公顷）；

B_s、B_b、B_l、B_r——干、枝、叶、根的生物量（吨 / 公顷）；

S_{soc}、B_{soc}、L_{soc}、R_{soc}——干、枝、叶、根的含碳率（%）。

（2）灌木层碳储量。根据灌木层各灌木实测生物量和含碳率相乘累加求得，其中某一灌木单位面积碳储量的计算公式如下：

$$Q_D = B \cdot S \tag{6-2}$$

式中：Q_D——某一种灌木单位面积碳储量（吨 / 公顷）；

B——某一种灌木单位面积生物量（吨 / 公顷）；

S——某一种灌木含碳率（%）。

（3）草本层碳储量。根据草木层各草木实测生物量和含碳率相乘累加求得，其中某一草木单位面积碳储量的计算公式如下：

$$Q_D = B \cdot S \tag{6-3}$$

式中：Q_D——某一种草本单位面积碳储量（吨 / 公顷）；

B——某一种草本单位面积生物（吨 / 公顷）；

S——某一种草本含碳率（%）。

（4）凋落物层碳储量。公式如下：

$$Q_D = B \cdot S \tag{6-4}$$

式中：Q_D ——单位面积凋落物碳储量（吨 / 公顷）；

B——单位面积凋落物生物量（吨 / 公顷）；

S——凋落物含碳率（%）。

6.3.3 数据质量控制和评估

同 6.1 数据质量控制和评估方法。

6.3.4 数　据

综合观测场植被碳储量见表 6-9。

表 6-9　综合观测场植被碳储量

年份	观测场编码	乔木层（吨/公顷）	灌木层（吨/公顷）	草本层（吨/公顷）	凋落物层（吨/公顷）	合计（吨/公顷）
2016	THSDFZ01	24.05	2.57	0.86	1.22	28.70
	THSDFZ02	24.94	—	—	1.51	26.45
	THSDFZ03	27.55	—	—	0.46	28.02
	THSDFZ04	21.51	—	—	0.39	21.90
	THSDFZ05	55.61	0.91	0.54	3.92	60.98
	THSDFZ06	19.00	1.35	0.86	0.67	21.87
	THSDFZ07	—	4.42	0.42	0.76	5.60
	THSDFZ08	74.41	0.87	0.35	4.16	79.79
2021	THSDFZ01	26.67	2.97	0.92	1.40	31.96
	THSDFZ02	26.61	—	—	1.70	28.32
	THSDFZ03	28.27	—	—	0.53	28.80
	THSDFZ04	24.34	—	—	0.46	24.80
	THSDFZ05	63.75	0.97	0.54	4.11	69.38
	THSDFZ06	22.92	1.44	0.89	0.74	25.99
	THSDFZ07	—	4.88	0.51	0.79	6.19
	THSDFZ08	87.14	0.95	0.37	4.55	93.01

6.4 物候数据集

6.4.1 概　述

本数据集包括河北太行山站刺槐次生林、核桃人工林、石榴人工林、枣树人工林、栎类混交次生林、黄栌次生林、荆条次生灌丛、油松人工林综合观测场 2016—2021 年优势种物候（芽开放期、展叶期、花蕾或花序出现期、开花期、果实或种子成熟期、叶变色期和落叶期）数据。其中，刺槐林和荆条林从 2016 年开始，油松林、枣树林、黄栌林、核桃林、石榴林、栎类混交林从 2021 年开始。

6.4.2 数据采集和处理方法

物候数据采集参照《森林生态系统长期定位观测方法》（GB 33027—2016）中 7.2.3.4，使用警视卫 4G 高清摄像头、Canon EOS 数码相机、望远镜等设备，结合野外定点目视观测法，对乔木和灌木物候进行观测，人工观测时间宜随季节和观测对象而灵活掌握，一般选择在下午；自动观测频率为每日 1 次，时间为下午。具体观测方法如下：

（1）芽开放期。芽的鳞片裂开，芽的顶端出现新鲜颜色的尖端；或是明显看见了绿色叶芽；或是带有锈毛的冬芽出现黄棕色的线缝，即为芽开放期。有些植物芽的开放，也就是花蕾的出现。如果芽膨大与芽开放不易分辨，可只记“芽开放期”。

（2）展叶期。针叶树出现幼针叶的日期，阔叶树第一批（10%）新叶开始伸展的日期，即为展叶始期。针叶树当新针叶的长度达到老针叶长度的一半时，阔叶树植株上有一半枝条的小叶完全展开时，即为展叶盛期。

（3）花蕾或花序出现期。叶腋或花芽中，开始出现花蕾或花序的日期。

（4）开花期。当树上开始出现完全开放的花时是开花始期；对于风媒传粉的树，当摇动树枝而散出花粉时，为开花始期。当树上有一半枝条上的花展开花瓣或花序散出花粉，或半数以上柔荑花序松散下垂时，为开花盛期。当树上大部分的花脱落，残留部分不足开花盛期的 10%，或柔荑花序停止散出花粉，或柔荑花序大部分脱落时，为开花末期。有时树木在夏季或秋季有第二次开花或多次开花现象，也应分别予以记录。记录项目包括：①二次或多次开花日期；②二次开花时个别树还是多数树；③二次开花和没有二次开花的树在地势上有什么不同；④二次开花的树有没有损害，开花后有无结果，结果多少和成熟度等；⑤如两次开花树木为不选定的观测树种，也应在备注栏注明树种名称，二次开花期及上述各项。

（5）果实或种子成熟期。树上有一半以上数目的果实或种子变为成熟的颜色时，即为果实或种子成熟期。有些树木的果实或种子翌年成熟时也应记录。球果类：松属和落叶松属种子的成熟，是球果变成黄褐色；侧柏的果实成熟时变黄绿色；桧柏的果实成熟时变黄绿色，且表面出现白粉；水杉的果实成熟时出现黄褐色。蒴果类：果实成熟时出现黄绿色，少数尖端开裂，露出白絮，如杨属、柳属。坚果类：如麻栎属的种子成熟时果实的外壳变硬，并出现褐色。核果、浆果、仁果类：核果、浆果成熟时果实变软，并呈现该品种的标准颜色；仁果成熟时呈现该品种的特有颜色和口味。翅果类：如榆属和白蜡属的种子，成熟时翅果绿色消失，变为黄色或黄褐色。荚果类：刺槐和紫藤等的种子，成熟时荚果变褐色。

（6）叶变色期。当被观测的树木有 10% 的叶颜色变为秋季叶时，为叶变色始期。所有的叶子全部变色为完全变色期。

（7）落叶期。当观测的树木在秋天开始落叶，为落叶始期。树上的叶子 50% 左右脱落为落叶盛期。树上的叶子几乎全部脱落时，为落叶末期。

6.4.3 数据质量控制和评估

对于人工观测，随植物的各个生育时期进行动态观测，并根据植物外部形态的变化特征，及时记录植物各个生育时期开始出现的日期，由专人负责，平时须培训补充人员，避免记录中断；对于自动观测，选择具有代表性、作物植株生长较一致的地块，进行多点、定位观测和记录，定期检测仪器运行情况。

6.4.4 数　据

长期固定样地观测场 2016—2021 年物候见表 6-10。

表 6-10　长期固定样地观测场 2016—2021 年物候

年份	观测场编码	植物种名	芽开放期（月/日）	展叶期（月/日）	花蕾或花序出现期（月/日）	开花期（月/日）	果实或种子成熟期（月/日）	叶变色期（月/日）	落叶期（月/日）
2016	THSDFZ01	刺槐	4/7	4/15	4/27	5/3	9/18	10/11	10/21
	THSDFZ07	荆条	4/28	5/10	6/23	6/30	8/15	10/11	10/20
2017	THSDFZ01	刺槐	4/5	4/12	4/23	5/1	9/13	10/6	10/10
	THSDFZ07	荆条	4/23	5/7	6/17	6/20	8/10	10/6	10/15
2018	THSDFZ01	刺槐	4/10	4/24	5/2	5/9	9/21	10/14	10/18
	THSDFZ07	荆条	5/1	5/16	6/28	7/2	8/19	10/13	10/18
2019	THSDFZ01	刺槐	4/4	4/15	4/24	5/2	9/17	10/6	10/15
	THSDFZ07	荆条	4/25	5/7	6/20	6/27	8/16	10/7	10/15
2020	THSDFZ01	刺槐	4/11	4/19	4/26	5/1	9/21	10/20	10/29
	THSDFZ07	荆条	4/29	5/15	6/28	7/3	8/17	10/16	10/28
2021	THSDFZ01	刺槐	4/2	4/13	4/25	4/28	9/14	10/6	10/21
	THSDFZ02	核桃	4/2	4/14	4/17	4/23	8/18	10/30	11/4
	THSDFZ03	石榴	3/12	4/10	5/14	5/17	10/6	10/15	10/24
	THSDFZ04	枣树	4/25	5/4	5/23	5/28	9/14	10/14	10/28
	THSDFZ05	栓皮栎	3/15	3/20	4/4	4/18	8/24	11/3	11/29
	THSDFZ05	蒙古栎	4/17	4/25	4/30	5/4	9/7	11/13	12/15
	THSDFZ06	黄栌	4/7	4/11	5/24	6/3	7/13	10/24	11/10
	THSDFZ07	荆条	4/20	5/7	6/20	6/26	8/9	10/8	10/18
	THSDFZ08	油松	—	—	4/29	5/8	9/24	—	—

第七章

河北太行山站森林调控环境空气质量功能数据集

河北太行山站在刺槐林综合观测场的森林小气候梯度观测点，对《森林生态系统长期定位观测指标体系》（GB/T 35377—2017）中 3.7 节规定的森林调控环境空气质量功能观测指标进行观测，汇总整理后形成森林调控环境空气质量功能数据集。具体观测指标、频度和时间见表 7-1。

表 7-1　河北太行山站森林调控环境空气质量功能观测指标

指标类别	观测指标	单位	观测频度
森林环境空气质量	$PM_{2.5}$、PM_{10}	微克/立方米	连续观测
空气负离子	浓度	个/立方厘米	

7.1 森林环境空气质量数据集

7.1.1 概　述

本数据集包括河北太行山站刺槐次生林综合观测场 2021 年森林环境空气质量（$PM_{2.5}$ 和 PM_{10}）数据。

7.1.2 数据采集和处理方法

森林环境空气质量数据采集参照《森林生态系统长期定位观测方法》（GB 33027—2016）中 6.6.3.5，使用 JXCT-3100-PM 传感器，布设在据地面 1.5 米以上位置，采样频率为每小时 2 次，计算 24 小时平均值作为 $PM_{2.5}$ 和 PM_{10} 日值，在质控数据的基础上，用日 $PM_{2.5}$ 和 PM_{10} 合计值除以日数获得 $PM_{2.5}$ 和 PM_{10} 月平均数据。

7.1.3 数据质量控制和评估

传感器定期校正，每日采样数据不低于 18 个小时；某一时间点缺测时，用前、后两时间点数据内插求得，按正常数据统计，若连续两个或以上定时数据缺测时，不能内插，仍按缺测处理。

7.1.4 数　据

刺槐次生林综合观测场 $PM_{2.5}$、PM_{10} 浓度数据见表 7-2。

表 7-2　刺槐次生林综合观测场 $PM_{2.5}$、PM_{10} 浓度

年份	月份	$PM_{2.5}$（微克/立方米）	PM_{10}（微克/立方米）
2021	1	32	45
	2	23	33
	3	27	39
	4	24	35
	5	35	50
	6	30	44
	7	23	33
	8	24	35
	9	32	46
	10	41	59
	11	37	53
	12	25	36

7.2 空气负氧离子数据集

7.2.1 概　述

本数据集包括河北太行山站刺槐次生林综合观测场 2021 年森林空气负氧离子数据。

7.2.2 数据采集和处理方法

负氧离子数据采集参照《森林生态系统长期定位观测方法》(GB 33027—2016) 中 6.6.3.3，使用 JXCT-30025 森林环境空气质量监测系统，在同一观测点相互垂直的 4 个方向，待仪器稳定后每个方向连续记录 5 个负离子浓度的波峰值，4 个方向共 20 组数据的平均值为此观测点的负离子浓度值。观测频率为每月 1 次，每次 3 ～ 5 天，选择晴朗稳定的天气。每天观测时间从 6：00 ～ 18：00，间隔 2 小时观测 1 次，每次采样持续时间不少于 10 分钟。

7.2.3 数据质量控制和评估

监测仪器定期校正，定期对监测人员进行培训，发现数据缺失和可疑数据时，及时进行必要的补测和重测。

7.2.4 数 据

刺槐次生林综合观测场负氧离子浓度数据见表 7-3。

表 7-3 刺槐次生林综合观测场负氧离子浓度

年份	月份	负氧离子浓度（个/立方厘米）
2021	1	807
	2	556
	3	729
	4	676
	5	657
	6	739
	7	1008
	8	990
	9	1036
	10	860
	11	705
	12	659

参考文献

曹建生，张万军，阳辉，等，2018. 北方土石山区生态修复与水源涵养研究进展与展望 [J]. 中国生态农业学报，26（10）：1546-1554.

陈志泊，崔晓晖，李巨虎，等，2021. “互联网 + 生态站”：理论创新与跨界实践 [M]. 北京：中国林业出版社 .

傅伯杰，牛栋，于贵瑞，2007. 生态系统观测研究网络在地球系统科学中的作用 [J]. 地理科学进展，26（1）：1-16.

国家林业和草原局，2019. 中国森林资源报告（2014—2018）[M]. 北京：中国林业出版社 .

国家林业和草原局，2020. 全国退耕还林还草综合效益监测评估报告（2020）[M]. 北京：中国林业出版社 .

蒋有绪，2000. 森林生态学的任务及面临的发展问题 [J]. 世界科技研究与发展，3：1-3.

梁红柱，刘丽丽，高会，等，2022. 太行山东坡中段植物多样性垂直分布格局及其驱动因素 [J]. 中国生态农业学报（中英文），30（07）：1091-1100.

牛香，王兵，郭珂，等，2022. 国家退耕还林工程生态监测体系区划布局研究 [M]. 北京：中国林业出版社 .

王兵，崔向慧，杨锋伟，2004. 中国森林生态系统定位研究网络的建设与发展 [J]. 生态学杂志（4）：84-91.

王兵，宋庆丰，2012. 森林生态系统物种多样性保育价值评估方法 [J]. 北京林业大学学报，34（2）：155-160.

王志印，曹建生，2019. 中国北方土石山区植被恢复及其生态效应研究进展 [J]. 中国生态农业学报（中英文），27（9）：13.

杨萍，白永飞，宋长春，等，2020. 野外站科研样地建设的思考、探索与展望 [J]. 中国科学院院刊，35（1）：125-135.

张伟，封晓然，尚丽晨，等，2020. 河北省古树名木资源现状分析与保护对策研究 [J]. 河北林业科技（2）：46-49.

Cao Jiansheng，Yang Hui，Zhao，Yong, 2022. Experimental analysis of infiltration process and hydraulic properties in soil and rock profile in the Taihang Mountains，North China [J]. Water

Supply, 22（2）: 1691-1703.

Niu X, Wang B, Wei W J, 2013a. Chinese forest ecosystem research network: A platform for observing and studying sustainable forestry[J]. Journal of Food, Agriculture & Environment, 11（2）: 1008-1016.

Niu X, Wang B, 2013b. Assessment of forest ecosystem services in China: A methodology[J]. Journal of Food, Agriculture & Environment, 11（3&4）: 2249-2254.

Yang H, Cao J S, 2021. Analysis of basin morphologic characteristics and their influence on the water yield of mountain watersheds upstream of the Xiongan new area, north China [J]. Water, 13（20）: 2903.

附　表

表 1　河北太行山站 2013—2021 年承担科研项目统计

序号	项目（课题）名称	项目类别	执行期（年）	经费（万元）
1	太行山困难立地造林技术集成与模式示范	河北省科技攻关	2013—2015	300
2	山地生态景观系统建设及关键技术研究	河北省科技攻关	2014—2016	60
3	裂隙岩体渗流动态及对植被的响应关系研究	中国科学院重点实验室基金	2014—2015	10
4	低量高效高值水资源利用关键技术研究与集成示范	国家科技支撑	2014—2017	47.5
5	环京津生态脆弱区生态经济植被建设技术研究	行业专项（林业部）	2014—2018	125
6	多尺度典型果树蒸腾耗水实验研究及尺度转换	国家自然科学基金面上项目	2014—2017	75
7	华北山区平原过渡带地下水硝酸盐来源与迁移转化规律研究	国家自然科学基金面上项目	2015—2018	80
8	地表—地下水文过程机理及耦合模拟研究	中国科学院“百人计划”项目	2015—2018	260
9	水土资源要素梯度耦合下植被格局变化与生态响应机制研究—太行山区中段典型案例分析	“973”计划项目	2015—2019	42
10	水土资源生态功能分类调控及其可持续利用	“973”计划项目	2015—2019	45
11	河北省山水林田湖规划	横向合作	2015	10
12	山地生态景观优化模式构建及关键技术研究与示范	河北省科技计划项目	2016—2018	60
13	太行山前平原典型灌溉农田深层包气带水分运动过程研究	国家自然科学基金青年项目	2016—2018	24
14	河北省山区经济林固碳现状及低碳农业对策研究	河北省其他项目	2016	1.5
15	河北太行山东坡森林生态系统国家定位观测	国家林业局科技创新平台项目	2016—2021	24
16	河北山地生态修复产业化模式构建及关键技术研究与示范	河北省科技计划项目	2017—2018	105
17	太行山低山丘陵区人工林对水资源时空分配影响研究	河北省自然科学基金面上项目	2017—2019	6

（续）

序号	项目（课题）名称	项目类别	执行期（年）	经费（万元）
18	滹沱河流域降水空间分布规律与精确反演	国家自然科学基金面上项目	2017—2020	67
19	太行山区滹沱河流域降水空间分布规律与精确反演	中国科学院STS项目	2018—2020	50
20	河北太行山区县域生态系统服务价值评价	国家重点研发项目	2018—2020	45
21	大清河流域水资源演变成因	国家重点研发计划专题	2018—2021	80
22	白洋淀—大清河生态廊道生态流量调控与水资源保障科技工程	“十三五”国家水体污染控制与治理科技重大专项	2018—2020	251
23	北方土石山区坡地生态水文过程及其驱动机制研究	国家自然科学面上项目	2019—2022	62
24	太行山区典型坡地产流过程坡面分异特征及其成因	国家自然科学基金青年项目	2019—2021	25
25	永定河上游水量水质耦合模拟研究	国家自然科学基金青年项目	2019—2021	25
26	退耕还林生态效益监测评估	国家林业科技创新项目	2019—2024	15
27	井陉县生态旅游产业科技示范基地建设	河北省创新能力提升计划项目	2020—2023	300
28	典型退化山地生态系统修复与水源涵养功能提升关键技术研究	河北省重点研发项目	2020—2023	30
29	农业水文与地下水可持续利用	河北省创新研究群体项目	2021—2024	600
30	基于生态环境支撑和水源涵养的京津冀食物系统多指标协同优化研究	国家自然科学基金青年项目	2021—2024	24
31	太行山区植被恢复对蒸散发和水资源影响	国家自然科学基金面上项目	2022—205	59
	合计			2908

表 2　河北太行山站 2013—2021 年发表论文统计

序号	作者	论文题目	发表刊物	年份	刊物级别
1	Cao J S，Liu C M，Zhang W J，et al.	Using temperature effect on seepage variations as proxy for phenological processes of basin-scale vegetation communities	*Hydrological Processes*	2013	SCI
2	Cao J S，Liu C M，Zhang W J	Response of rock-fissure seepage to snowmelt in mount Taihang slope-catchment，north China	*Water Science and Technology*	2013	SCI
3	Liu X P，Zhang W J，Cao J S，et al.	Carbon storages in plantation ecosystems in sand source areas of north Beijing，China	*PLOS ONE*	2013	SCI
4	Cao J S，Zhang W J，Qi Y Q	An automatic slope runoff sediment and flow monitoring system	*Applied Engineering in Agriculture*	2014	SCI

（续）

序号	作者	论文题目	发表刊物	年份	刊物级别
5	Cao J S，Zhang W J，Zeng X H	An automatic paperless velocity measuring and recording system	*Advanced Materials Research*	2014	EI
6	Zeng X H，Zhang W J，Shen H T，et al.	Soil respiration response in different vegetation types at Mount Taihang，China	*Catena*	2014	SCI
7	Zeng X H，Zhang W J，Cao J S，et al.	Changes in soil organic carbon，nitrogen，phosphorus，and bulk density after afforestation of the "Beijing–Tianjin Sandstorm Source Control" program in China	*Catena*	2014	SCI
8	Shen H T，Cao J S，Zhang，W J	Winter soil CO_2 flux from different mid-latitude sites from middle Taihang mountain in north China	*PLOS ONE*	2014	SCI
9	Zeng X H，Zhang W J，Liu X P	Change of soil organic carbon after cropland afforestation 'Beijing-Tianjin Sandstorm Source Control' program area in China	*Chinese Geographical Science*	2014	SCI
10	Shen H T，Zhang W J，Cao J S，et al.	Carbon storage capacity of different plantation types under Desertification Combating Program in Hebei Province，China	*Chinese Geographical Science*	2014	SCI
11	Liu X P，Zhang W J，Hu C S，et al.	Soil greenhouse gas fluxes from different tree species on Taihang Mountain，North China	*Biogeosciences*	2014	SCI
12	Zeng X H，Zhang W J，Song Y G	Slope aspect and slope position have effects on natural vegetation diversity and spatial distribution in the hilly region of Mount Taihang，North China	*Journal of Food，Agriculture and Environment*	2014	SCI
13	Yu S，Liu J，Eneji A E，et al.	Spatial variability of soil salinity under subsurface drainage	*Communications in Soil Science and Plant Analysis*	2014	SCI
14	Liu X P，Zhang W J，Wang X Y，et al.	Root-soil air gap and resistance to water flow at the soil-root interface of *Robinia pseudoacacia*	*Tree Physiology*	2015	SCI
15	Shen H T，Zhang W J，Cao J S，et al.	Carbon concentrations of components of trees in 10-year-old populus avidiana stands within the desertification combating program of northern China	*Frontiers of Earth Science*	2016	SCI
16	Liu X P，Zhang W J，Yang Q H，et al.	Diurnal variation in soil respiration under different land uses on Taihang mountain，north China	*Atmospheric Environment*	2016	SCI

（续）

序号	作者	论文题目	发表刊物	年份	刊物级别
17	Zhao X，Li F D，Zhang W J，et al.	Contribution of aboveground litter to soil respiration in Populus davidiana Dode plantations at different stand ages.	*Journal of Mountain Science*	2016	SCI
18	Wang S Q，Zheng W B，Currell M，et al.	Relationship between land-use and sources and fate of nitrate in groundwater in a typical recharge area of the North China Plain	*Science of the Total Environment*	2017	SCI
19	Fu T G，Han，L P，Gao H，et al.	Pedodiversity and its controlling factors in mountain regions：A case study of Taihang Mountain，China	*Geoderma*	2018	SCI
20	Fu T G，Han L P，Gao H，et al.	Geostatistical analysis of pedodiversity in Taihang Mountain region in North China	*Geoderma*	2018	SCI
21	Gao H，Fu T G，Liu J T，et al.	Ecosystem services management based on differentiation and regionalization along vertical gradient in Taihang mountain	*Sustainability*	2018	SCI
22	Wang S Q，Yuan R Q，Tang C Y，et al.	Combination of CFCs and stable isotopes to characterize the mechanism of surface water-groundwater interaction in a headwater basin of the North China Plain	*Hydrological Processes*	2018	SCI
23	Chen S M，Wang F H，Zhang Y M，et al.	Organic carbon availability limiting microbial denitrification in the deep vadose zone	*Environmental Microbiology*	2018	SCI
24	Yuan R Q，Wang S Q，Yang L H，et al.	Hydrologic processes of groundwater in a small monsoon influenced mountains watershed	*Hydrology Research*	2018	SCI
25	Liu X P，Zhang W J，Cao J S，et al.	Carbon sequestration of plantation in Beijing-Tianjin sand source areas	*Journal of Mountain Science*	2018	SCI
26	Zeng X H，Song Y G，Zhang W J，et al.	Spatio-temporal variation of soil respiration and its driving factors in semi-arid regions of North China	*Chinese Geographical Science*	2018	SCI
27	Lu F，Hu H F，Sun W J，et al.	Effects of national ecological restoration projects on carbon sequestration in China from 2001 to 2010	*Proceedings of the National Academy of Sciences*	2018	SCI
28	Zheng W B，Wang S Q，Sprenger M，et al.	Response of soil water movement and groundwater recharge to extreme precipitation in a headwater catchment in the North China Plain	*Journal of Hydrology*	2019	SCI
29	Fu T G，Han L P，Gao H，et al.	Rare and endangered soils in the Taihang Mountain region，North China	*Land degradation and Development*	2019	SCI

（续）

序号	作者	论文题目	发表刊物	年份	刊物级别
30	Wang Z Y, Cao J S, Zhu C Y, et al.	The impact of land use change on ecosystem service value in the upstream of Xiong'an New Area	*Sustainability*	2020	SCI
31	Liu X P, Liang J Y, Gu L H, et al.	Photosynthetic and environmental regulations of the dynamics of soil respiration in a forest ecosystem revealed by analyses of decadal time series	*Agricultural and Forest Meteorology*	2020	SCI
32	Zheng W B, Wang S Q, Tan K D, et al.	Nitrate accumulation and leaching potential is controlled by land-use and extreme precipitation in a headwater catchment in the North China Plain	*Science of the Total Environment*	2020	SCI
33	Min L L, Vasilevskiy P Y, Wang P, et al.	Numerical approaches for estimating daily river leakage from arid ephemeral streams	*Water*	2020	SCI
34	Wang Z Y, Cao J S, Yang H	Multi-Time scale evaluation of forest water conservation function in the semiarid mountains area	*Forests*	2021	SCI
35	Cao J S, Yang H, Zhao Y	Experimental analysis of infiltration process and hydraulic properties in soil and rock profile in the Taihang Mountains, North China	*Water Supply*	2021	SCI
36	Wang Z Y, Cao J S	Spatial-temporal pattern study on water conservation function using the SWAT model	*Water Supply*	2021	SCI
37	Yang H, Cao J S	Analysis of basin morphologic characteristics and their influence on the water yield of mountain watersheds upstream of the Xiongan new area, north China	*Water*	2021	SCI
38	Wang Z Y, Cao J S	Assessing and predicting the impact of multi-scenario land use changes on the ecosystem service value: a case study in the upstream of Xiong'an new area, China	*Sustainability*	2021	SCI
39	Zhu W R, Li W H, Shi P L, et al.	Intensified interspecific competition for water after afforestation with Robinia pseudoacacia into a native shrubland in the Taihang Mountains, northern China	*Sustainability*	2021	SCI
40	曾歆花，张万军，宋以刚，等	河北太行山低山丘陵区植被恢复过程中物种多样性与土壤养分变化	生态学杂志	2013	CSCD
41	马凤娇，刘金铜，A Egrinya Eneji，等	生态系统服务研究文献现状及不同研究方向评述	生态学报	2013	CSCD
42	赵昕，张万军，曹建生，等	晋冀北部农牧交错区针阔树种人工林群落稳定性评价	山地学报	2014	CSCD

（续）

序号	作者	论文题目	发表刊物	年份	刊物级别
43	赵昕，张万军，沈会涛，等	针阔树种人工林地表凋落物对土壤呼吸的贡献	中国生态农业学报	2014	CSCD
44	赵若楠，刘秀萍，张万军，等	不同林分的保水能力	贵州农业科学	2014	国内其他期刊
45	张楠楠，张万军，曹建生，等	河北38°N生态样带土壤有机碳特征	中国生态农业学报	2015	CSCD
46	曹建生，张万军，张滨	北方土石山区可持续绿化技术探讨	河北林业科技	2015	国内其他期刊
47	张滨，张丽娜，刘秀萍，等	河北省北部森林植被碳储量和固碳速率研究	中国生态农业学报	2016	CSCD
48	赵焕，王仕琴，孔晓乐，等	华北低山丘陵区潴龙河流域地下水水质特征及成因分析	水文地质工程地质	2016	CSCD
49	高会，谭莉梅，刘鹏，等.	基于二分类Logistic 回归模型的太行山丘陵区县域耕地资源潜力估算	中国生态农业学报	2017	CSCD
50	李晓荣，高会，韩立朴，等	太行山区植被 NPP 时空变化特征及其驱动力分析	中国生态农业学报	2017	CSCD
51	曹建生，张万军，阳辉，等	北方土石山区生态修复与水源涵养研究进展与展望	中国生态农业学报	2018	CSCD
52	王志印，曹建生，阳辉，等	关于河北休闲农业与乡村旅游建设的思考—以元氏县为例	河北农业科学	2018	国内其他刊物
53	王志印，曹建生	河北省太行山区土地复垦与生态修复技术研究	河北林业科技	2018	国内其他刊物
54	曹建生，阳辉，张万军	太行山区小流域生态修复及景观林建设技术研究	防护林科技	2018	国内其他刊物
55	沈会涛，张韬，马文才，等	太行山东坡不同林龄杏树林碳储量及其分配特征	生态学报	2018	CSCD
56	高会，刘金铜，朱建佳，等	基于可持续发展的太行山区生态系统服务垂直分类管理	自然杂志	2018	国内其他刊物
57	杨永辉，任丹丹，杨艳敏，等	海河流域水资源演变与驱动机制	中国生态农业学报	2018	CSCD
58	阳辉，曹建生，张万军	山地生态水文过程与降水资源调控研究进展	生态科学	2019	CSCD
59	司梦可，曹建生，阳辉	微地形变化对地表水文过程影响的研究进展	中国生态农业学报	2019	CSCD
60	王志印，曹建生	中国北方土石山区植被恢复及其生态效应研究进展	中国生态农业学报	2019	CSCD
61	司梦可，曹建生，阳辉，等	太行山区不同植被条件下土壤水分动态变化特征研究	中国生态农业学报	2020	CSCD
62	赵宇寒，曹建生，朱春雨，等	壤中流形成机制及其生态水文效应研究进展	中国生态农业学报	2021	CSCD

表 3 河北太行山站 2013—2021 年授权专利情况统计

序号	专利号	专利名称	专利类型
1	ZL20120275601.4	一种原状土壤样品采集装置及采集方法	发明专利
2	ZL201610442605.5	一种石质山地客土扩蓄造林的方法	发明专利
3	ZL201610867472.6	一种消除降水影响的水面蒸发自动测定装置	发明专利
4	ZL201621071497.7	一种半封闭式坡地表层地下防水防潮装置	实用新型专利
5	ZL201610443908.9	一种亏缺灌溉自动控制系统及方法	发明专利
6	ZL201610867030.1	一种潜水蒸发自动测定系统及方法	发明专利
7	ZL201610442103.2	一种温室大棚集雨节灌自动控制系统及方法	发明专利
8	ZL201821447640.7	一种降雨与水面蒸发一体化自动测定装置	实用新型专利
9	ZL201821447639.4	基于光伏发电和降雨—蒸发测定的坡地植被集雨补灌装置	实用新型专利
10	ZL201821447974.4	一种石质坡地智能自动微灌装置	实用新型专利
11	ZL201711404610.8	在石材匮乏的风化石质坡地构建生态环保台阶的方法	发明专利
12	ZL201711405813.9	一种生态化现场循环种养体系的构建方法	发明专利
13	ZL201811031032.2	基于光伏发电和降雨—蒸发测定装置的坡地集雨补灌装置	发明专利
14	ZL202010054109.9	利用荆条灌丛加快土石山区次生灌丛群落向乔木顶极群落演替的方法	发明专利
15	ZL202020084667.5	一种多拱式大型地上蓄水装置	实用新型专利
16	ZL202020107966.6	一种用于提升土石山区水源涵养能力的挖掘回填装置	发明专利
17	ZL202020084640.6	一种山地分散式集流储水补灌装置	实用新型专利
18	ZL202020083501.1	一种岩土二元结构壤中流监测系统	实用新型
19	ZL202020083548.8	一种陡峭石质山体雨水外集内蓄系统及其拦污栅沉淀池	实用新型
20	ZL202010042235.2	一种山地分散式集流储水补灌造林系统	发明专利
21	ZL202010054121.X	一种利用荆条灌丛提升土石山区水源涵养能力的装置	发明专利
22	ZL202010043294.1	面向陡峭石质山体的雨水外集内蓄系统构建方法	发明专利

表 4　河北太行山站垂直样带群观测场采样点信息

观测场编码	样地序号	海拔（米）	纬度（N）	经度（E）	主要树种
THSDYD01	1	320	38°59′54.0″	113°57′42.0″	野皂荚、荆条、酸枣
	2	430	38°01′24.0″	113°55′40.0″	火炬、黄栌、荆条
	3	570	38°01′33.0″	113°53′40.0″	野皂荚、泡桐、花椒
	4	600	38°01′33.0″	113°53′40.0″	野皂荚、泡桐
	5	670	38°02′18.0″	113°52′52.0″	黄栌
THSDYD02	1	185	37°39′23.4″	114°17′59.6″	火炬树
	2	198	37°38′25.3″	114°16′40.5″	山杨
	3	314	37°35′58.0″	114°11′21.0″	樱桃
	4	320	37°36′22.9″	114°13′30.9″	核桃
	5	438	37°34′22.8″	114°08′20.5″	板栗
	6	708	37°35′04.0″	114°07′55.3″	刺槐
	7	787	37°35′22.7″	114°07′45.3″	蒙古栎、栓皮栎、荆条
	8	905	37°35′39.0″	114°07′43.0″	蒙古栎、栓皮栎、荆条
THSDYD03	1	223	36°38′52.8″	114°08′14.5″	山杨
	2	248	36°39′01.8″	114°06′48.2″	美洲红栌
	3	377	36°38′40.5″	113°58′26.9″	侧柏
	4	545	36°39′15.4″	113°34′56.5″	荆条、酸枣
	5	575	36°41′11.3″	113°41′58.2″	山杨、油松
	6	728	36°38′22.0″	113°46′30.3″	侧柏
THSDYD04	1	162	37°11′18.6″	114°20′23.1″	核桃
	2	212	37°14′00.3″	114°14′35.9″	酸枣、荆条、野皂荚
	3	378	37°16′46.5″	114°09′12.3″	酸枣、野皂荚
	4	506	37°14′31.8″	113°58′35.8″	荆条
	5	515	37°14′31.8″	113°58′35.8″	酸枣、荆条
	6	659	37°14′14.9″	113°57′01.1″	板栗
	7	749	37°15′27.3″	113°54′55.5″	板栗
	8	879	37°15′03.0″	113°54′48.1″	栓皮栎、臭椿、荆条
THSDYD05	1	111	39°20′03.5″	115°18′04.3″	山杨
	2	257	39°23′40.3″	115°11′18.3″	侧柏
	3	430	39°24′40.3″	115°10′48.6″	刺槐、荆条
	4	528	39°25′31.2″	115°10′05.7″	荆条、臭椿、野皂荚
	5	666	39°24′34.4″	114°56′56.5″	刺槐、榆树
	6	756	39°21′05.1″	114°47′47.3″	刺槐
	7	936	39°21′28.7″	114°35′29.8″	油松
	8	1015	39°23′03.0″	114°32′50.1″	油松
	9	1154	39°23′07.6″	114°29′47.1″	侧柏
	10	1154	39°23′07.6″	114°29′47.1″	沙棘
	11	1212	39°23′21.9″	114°29′12.6″	落叶松

（续）

观测场编码	样地序号	海拔（米）	纬度（N）	经度（E）	主要树种
THSDYD06	1	230	38°48′46.3″	114°36′57.5″	荆条
	2	289	38°49′09.1″	114°33′59.5″	枣树
	3	350	38°44′54.8″	114°10′25.2″	刺槐、荆条
	4	440	38°46′11.9″	114°05′25.6″	刺槐、臭椿、荆条
	5	537	38°47′39.2″	113°59′30.6″	核桃楸、蒙古栎
	6	640	38°47′24.2″	113°56′21.8″	刺槐、酸枣
	7	757	38°47′08.4″	113°54′09.4″	荆条、绣线菊
	8	1056	38°46′46.4″	113°51′49.8″	山桃、绣线菊
	9	1240	38°47′10.1″	113°50′40.4″	蒙古栎
THSDYD07	1	117	39°34′42.0″	115°41′57.2″	杨树
	2	185	39°39′43.1″	115°31′28.9″	侧柏
	3	287	39°41′53.4″	115°26′09.2″	荆条、臭椿
	4	471	39°41′06.8″	115°12′58.1″	刺槐、臭椿、荆条
	5	620	39°43′39.1″	115°06′52.4″	侧柏
	6	996	39°53′43.1″	114°48′41.8″	梨树
	7	1157	39°51′51.2″	114°53′11.0″	油松
	8	1240	38°46′36.1″	113°52′35.7″	蒙古栎
	9	1245	39°51′43.6″	114°55′34.7″	油松
	10	1400	39°50′37.6″	114°56′18.1″	青冈栎
	11	1514	39°50′24.3″	114°56′25.9″	桦树
THSDYD08	1	243	40°01′22.8″	115°54′01.3″	侧柏
	2	273	40°00′41.8″	115°49′25.6″	侧柏
	3	372	40°05′33.1″	115°43′06.2″	荆条
	4	427	40°10′38.2″	115°37′34.3″	枣树
	5	496	40°14′07.9″	115°35′41.3″	侧柏
	6	519	40°26′54.6″	115°16′58.6″	国槐
	7	619	40°31′50.2″	115°05′13.0″	侧柏
	8	1025	40°50′45.3″	114°26′06.9″	杨树
	9	1106	40°55′49.0″	114°9′46.8″	杨树
	10	1275	40°58′39.2″	114°05′06.2″	扁杏
THSDYD09	1	130	40°20′53.8″	116°28′47.7″	侧柏
	2	200	40°22′12.1″	116°21′20.2″	板栗
	3	425	40°27′31.9″	116°19′55.9″	板栗、核桃
	4	614	40°39′24.1″	116°08′44.2″	杨树、黄栌
	5	664	40°31′55.5″	116°24′09.3″	火炬
	6	743	40°33′24.7″	116°20′10.6″	油松
	7	880	40°36′53.4″	116°07′15.4″	榆树、油松
	8	1039	41°03′50.4″	115°45′04.0″	落叶松
	9	1109	41°07′45.0″	115°39′40.6″	落叶松
	10	1455	41°19′36.7″	115°32′23.3″	荆条

（续）

观测场编码	样地序号	海拔（米）	纬度（N）	经度（E）	主要树种
THSDYD10	1	162	40°35′03.3″	117°07′54.5″	苹果
	2	192	40°37′48.2″	117°09′57.8″	樟子松
	3	194	40°39′35.0″	117°09′22.7″	杨树
	4	223	40°42′46.3″	117°08′23.4″	荆条
	5	253	40°45′12.2″	117°06′11.0″	荆条、栓皮栎
	6	328	40°51′06.1″	117°00′33.3″	油松、臭椿、栓皮栎
	7	401	40°56′25.9″	116°59′40.0″	樟子松
	8	496	41°06′20.3″	116°53′01.7″	刺槐
	9	648	41°11′32.5″	116°40′01.6″	樟子松
	10	770	41°21′20.7″	116°37′10.4″	杨树
	11	1052	41°29′07.8″	116°30′49.6″	蒙古栎
	12	1180	41°30′37.6″	116°29′23.2″	樟子松
	13	1196	41°40′34.8″	116°23′51.0″	落叶松
	14	1337	41°35′23.7″	116°25′25.7″	落叶松
	15	1394	41°41′42.6″	116°18′16.3″	荆条
	16	1559	41°42′32.1″	116°14′10.3″	落叶松
THSDYD11	1	116	40°11′15.2″	118°15′47.3″	板栗
	2	144	40°21′13.3″	118°14′57.6″	板栗
	3	226	40°25′13.2″	118°13′07.4″	板栗
	4	258	40°35′37.2″	118°09′07.1″	栓皮栎、榆树、刺槐
	5	275	40°47′26.6″	118°06′38.8″	侧柏
	6	313	40°51′52.4″	117°59′10.1″	油松、榆树
	7	368	40°29′58.6″	118°07′01.0″	榆树、臭椿
	8	422	40°57′47.7″	117°43′10.4″	油松
	9	470	41°05′09.8″	117°30′16.9″	油松
	10	514	41°10′53.4″	117°28′46.5″	杨树、栓皮栎、油松
	11	591	41°16′57.0″	117°21′03.2″	榆树
	12	702	41°27′23.3″	117°15′17.0″	油松
	13	755	41°32′31.4″	117°10′50.6″	荆条、酸枣
	14	840	41°39′39.1″	117°03′05.8″	野山杏
	15	1014	41°51′16.6″	117°01′30.9″	油松
THSDYD12	1	115	40°5′05.2″	119°17′39.3″	苹果
	2	166	40°20′34.7″	119°08′27.0″	杨树
	3	235	40°25′18.6″	118°59′19.4″	油松
	4	270	40°14′21.3″	119°10′53.5″	板栗
	5	387	40°40′02.8″	118°57′34.1″	油松
	6	481	41°45′00.0″	118°40′26.4″	刺槐
	7	532	41°45′00.0″	118°40′26.4″	蒙古栎、山杏
	8	587	41°15′15.5″	118°15′54.7″	刺槐

（续）

观测场编码	样地序号	海拔（米）	纬度（N）	经度（E）	主要树种
THSDYD12	9	641	41°00′01.1″	118°44′22.2″	油松
	10	643	41°20′11.7″	118°08′03.8″	油松
	11	760	41°33′08.3″	118°07′35.4″	油松
	12	808	41°51′24.4″	117°48′34.3″	油松
	13	902	42°00′46.7″	117°40′33.5″	云杉
	14	1019	42°06′34.3″	117°37′23.9″	油松
	15	1110	42°11′00.0″	117°32′40.0″	落叶松
	16	1130	42°16′38.1″	117°26′42.3″	落叶松
	17	1279	42°15′59.8″	117°29′15.3″	白桦
	18	1465	42°18′54.5″	117°29′19.4″	落叶松
	19	1626	42°20′15.4″	117°28′23.7″	落叶松
	20	1637	42°20′14.4″	117°28′20.2″	白桦

表 5 河北太行山区高等植物名录

序号	科名	种名	学名
1	大帽藓科	中华大帽藓	*Encalypta sinica*
2	真藓科	大叶藓	*Rhodobryum roseum*
3	卷柏科	圆枝卷柏	*Selaginella sanguinolenta*
4	卷柏科	卷柏	*Selaginella tamariscina*
5	卷柏科	中华卷柏	*Selaginella sinensis*
6	卷柏科	垫状卷柏	*Selaginella pulvinata*
7	卷柏科	蒲扇卷柏	*Selaginella stauntoniana*
8	卷柏科	蔓出卷柏	*Selaginella davidii*
9	木贼科	木贼	*Equisetum hyemale*
10	木贼科	节节草	*Equisetum ramosissimum*
11	木贼科	问荆	*Equisetum arvense*
12	木贼科	草问荆	*Equisetum pratense*
13	木贼科	犬问荆	*Equisetum palustre*
14	阴地蕨科	扇羽阴地蕨	*Botrychium lunaria*
15	瓶尔小草科	狭叶瓶尔小草	*Ophioglossum thermale*
16	碗蕨科	溪洞碗蕨	*Dennstaedtia wilfordii*
17	中国蕨科	银粉背蕨	*Aleuritopteris argentea*
18	中国蕨科	稀叶珠蕨	*Cryptogramma stelleri*
19	中国蕨科	陕西粉背蕨	*Aleuritopteris shensiensis*
20	碗蕨科	欧洲蕨	*Pteridium aquilinum*
21	铁线蕨科	掌叶铁线蕨	*Adiantum pedatum*
22	铁线蕨科	普通铁线蕨	*Adiantum edgeworthii*
23	蹄盖蕨科	麦秆蹄盖蕨	*Athyrium fallaciosum*
24	蹄盖蕨科	东北蹄盖蕨	*Athyrium brevifrons*

（续）

序号	科名	种名	学名
25	蹄盖蕨科	华东蹄盖蕨	*Athyrium nipponicum*
26	蹄盖蕨科	冷蕨	*Cystopteris fragilis*
27	蹄盖蕨科	河北蛾眉蕨	*Lunathyrium vegetius*
28	蹄盖蕨科	雾灵蹄盖蕨	*Athyrium acutidentatum*
29	蹄盖蕨科	山冷蕨	*Cystopteris sudetica*
30	蹄盖蕨科	羽节蕨	*Gymnocarpium jessoense*
31	铁角蕨科	北京铁角蕨	*Asplenium pekinense*
32	铁角蕨科	虎尾铁角蕨	*Asplenium incisum*
33	铁角蕨科	纯齿铁角蕨	*Asplenium subvarians*
34	铁角蕨科	细茎铁角蕨	*Asplenium ternuicaule*
35	铁角蕨科	变异铁角蕨	*Asplenium varians*
36	铁角蕨科	华中铁角蕨	*Asplenium sarelii*
37	铁角蕨科	铁角蕨	*Asplenium trichomanes*
38	铁角蕨科	过山蕨	*Camptosorus sibiricus*
39	金星蕨科	沼泽蕨	*Thelypteris palustris*
40	球子蕨科	荚果蕨	*Matteuccia struthiopteris*
41	茄科	黄花烟草	*Nicotiana rustica*
42	岩蕨科	密毛岩蕨	*Woodsia rosthoninan*
43	岩蕨科	耳羽岩蕨	*Woodsia polystichoides*
44	岩蕨科	大囊岩蕨	*Woodsia macrochlaena*
45	鳞毛蕨科	鞭叶耳蕨	*Polytichum craspedosorum*
46	水龙骨科	北京石韦	*Pyrrosia pekinensis*
47	水龙骨科	有柄石韦	*Pyrrosia petiolosa*
48	水龙骨科	网眼瓦韦	*Lepisorus clathratus*
49	水龙骨科	乌苏里瓦韦	*Lepisorus ussuriensis*
50	列当科	藓生马先蒿	*Pedicularis muscicola*
51	肿足蕨科	修株肿足蕨	*Hypodematium gracile*
52	鳞毛蕨科	华北鳞毛蕨	*Dryopteris georingiana*
53	碗蕨	岩蕨	*Woodsia ilvenesis*
54	铁角蕨科	河北铁角蕨	*Asplenium hebeiense*
55	蹄盖蕨科	黑鳞短肠蕨	*Allantodia crenata*
56	松科	臭冷杉	*Abies nephrolepis*
57	松科	白杆	*Picea meyeri*
58	松科	青杆	*Picea wilsonii*
59	松科	华北落叶松	*Larix principis-rupprechtii*
60	松科	油松	*Pinus tabulaeformis*
61	柏科	杜松	*Juniperus rigida*
62	柏科	侧柏	*Platyclads orientalis*
63	柏科	圆柏	*Sabina chinensis*
64	萝藦科	萝藦	*Metaplexis japonica*
65	麻黄科	麻黄	*Ephedra sinica*

（续）

序号	科名	种名	学名
66	麻黄科	木贼麻黄	*Ephedra equisetina*
67	麻黄科	单子麻黄	*Ephedra monosperma*
68	麻黄科	中麻黄	*Ephedra intermedia*
69	银杏科	银杏	*Ginkgo biloba*
70	眼子菜科	眼子菜	*Potamogeton distinctus*
71	杨柳科	山杨	*Populus davidiana*
72	杨柳科	小叶杨	*Populus simonii*
73	杨柳科	辽杨	*Populus maximowiczii*
74	杨柳科	青杨	*Populus cathayana*
75	杨柳科	苦杨	*Populus laurifolia*
76	杨柳科	旱柳	*Salix matsudana*
77	杨柳科	黄花儿柳	*Salix caprea*
78	杨柳科	中国黄花柳	*Salix sinica*
79	杨柳科	山柳	*Salix pseudotangii*
80	杨柳科	沙柳	*Salix cheilophila*
81	杨柳科	腺柳	*Salix chaenomeloides*
82	杨柳科	密齿柳	*Salix characta*
83	杨柳科	中华柳	*Salix cathayana*
84	杨柳科	皂柳	*Salix wallichiana*
85	杨柳科	蒿柳	*Salix viminalis*
86	杨柳科	日本三蕊柳	*Salix triandra* var. *nipponica*
87	杨柳科	钻天柳	*Chosenia arbutifolia*
88	杨柳科	加杨	*Populus canadensis*
89	杨柳科	香杨	*Populus koreana*
90	杨柳科	银白杨	*Populus alba*
91	杨柳科	河北杨	*Populus hopeiensis*
92	杨柳科	梧桐杨	*Populus pseudomaximowiczii*
93	胡桃科	胡桃	*Juglans regia*
94	胡桃科	胡桃楸	*Juglans mandshurica*
95	胡桃科	麻核桃	*Juglans hopeiensis*
96	胡桃科	野核桃	*Juglans cathayensis*
97	桦木科	白桦	*Betula platyphylla*
98	桦木科	黑桦	*Betula dahurica*
99	桦木科	坚桦	*Betula chinensis*
100	桦木科	糙皮桦	*Betula utilis*
101	桦木科	红桦	*Betula albosinensis*
102	桦木科	硕桦	*Betula costata*
103	桦木科	柴桦	*Betula fruticosa*
104	桦木科	川白桦	*Betula mandshurica* var. *szechuanica*
105	桦木科	鹅耳枥	*Carpinus turczaninowii*
106	桦木科	榛子	*Corylus heterophylla*

（续）

序号	科名	种名	学名
107	桦木科	毛榛	*Corylus mandshurica*
108	桦木科	虎榛子	*Ostryopsis davidiana*
109	桦木科	千金榆	*Carpinus cordata*
110	桦木科	铁木	*Ostrya japonica*
111	桦木科	铁皮桦	*Betula platyphylla* var. *brunnea*
112	榆科	家榆	*Ulmus pumila*
113	榆科	大果榆	*Ulmus macrocarpa*
114	榆科	裂叶榆	*Ulmus laciniata*
115	榆科	春榆	*Ulmus davidiana* var. *japonica*
116	榆科	灰榆	*Ulmus glaucescens*
117	榆科	黑榆	*Ulmus davidiana*
118	榆科	黑弹树	*Celtis bungeana*
119	榆科	黄果朴	*Celtis labilis*
120	榆科	脱皮榆	*Ulmus lamellosa*
121	桑科	桑树	*Morus alba*
122	桑科	蒙桑	*Morus mongolica*
123	桑科	啤酒花	*Humulus lupulus*
124	桑科	葎草	*Humulus scandens*
125	桑科	大麻	*Cannabis sativa*
126	桑科	山桑	*Morus mongolic*
127	桑科	柘树	*Cudrania tricuspidata*
128	荨麻科	麻叶荨麻	*Urtica cannabina*
129	荨麻科	狭叶荨麻	*Urtica angustifolia*
130	荨麻科	宽叶荨麻	*Urtica laetevirens*
131	荨麻科	墙草	*Parietaria micrantha*
132	荨麻科	细叶麻	*Boehmeria silvestrii*
133	荨麻科	透茎冷水花	*Pilea pumila Liebm.*
134	檀香科	百蕊草	*Thesium chinensis*
135	檀香科	长叶百蕊草	*Thesium longifolium*
136	桑寄生科	北桑寄生	*Loranthus tanakae*
137	蓼科	野大黄	*Rheum undulatum*
138	蓼科	大黄	*Rheum officinale*
139	蓼科	珠芽蓼	*Polygonum viviparum*
140	蓼科	拳蓼	*Polygonum bistorta*
141	蓼科	叉分蓼	*Polygonum divaricatum*
142	蓼科	酸模叶蓼	*Polygonum lapathifolium*
143	蓼科	萹蓄	*Polygonum aviculare*
144	蓼科	两栖蓼	*Polygonum amphibium*
145	蓼科	西伯利亚蓼	*Polygonum sibiricum*
146	蓼科	丛枝蓼	*Polygonum posumbu*
147	蓼科	缠绕蓼	*Polygonum scandens* var. *dentato-alatum*

（续）

序号	科名	种名	学名
148	蓼科	水蓼	*Polygonum hydropiper*
149	蓼科	尼泊尔蓼	*Polygonum nepalense*
150	蓼科	箭叶蓼	*Polygonum sieboldii*
151	蓼科	支柱蓼	*Polygonum suffultum*
152	蓼科	卷茎蓼	*Polygonum convolvulus*
153	蓼科	香蓼	*Polygonum viscosum*
154	蓼科	何首乌	*Polygonum multiflorum*
155	蓼科	本氏蓼	*Polygonum bungeanum*
156	蓼科	贯叶蓼	*Polygonum perfoliatum*
157	蓼科	斑蓼	*Polygonum nodosum*
158	蓼科	红蓼	*Polygonum orientale*
159	蓼科	匍匐蓼	*Polygonum scandens*
160	蓼科	巴天酸模	*Rumex patientia*
161	蓼科	酸模	*Rumex acetosa*
162	蓼科	毛脉酸模	*Rumex gmelinii*
163	蓼科	皱叶酸模	*Rumex crispus*
164	蓼科	水生酸模	*Rumex aquaticus*
165	蓼科	苦荞麦	*Fagopyrum tataricum*
166	蓼科	长鬃蓼	*Polygomum longisetum*
167	藜科	藜	*Chenopodium album*
168	藜科	刺藜	*Chenopodium aristatum*
169	藜科	菊叶香藜	*Chenopodium foetidum*
170	藜科	杂配藜	*Chenopodium hybridum*
171	藜科	小藜	*Chenopodium serotinum*
172	藜科	灰绿藜	*Chenopodium glaucum*
173	藜科	东亚市藜	*Chenopodium urbicum*
174	藜科	尖头叶藜	*Chenopodium acuminatum*
175	藜科	优诺藜	*Eurotia arborescens*
176	藜科	驼绒蒿	*Eurotia ceratoides*
177	藜科	轴藜	*Axyris amaranthoides*
178	藜科	滨藜	*Atriplex patens*
179	藜科	西伯利亚滨藜	*Atriplex sibirica*
180	藜科	鞑靼滨藜	*Atriplex tatarica*
181	藜科	猪毛菜	*Salsola collina*
182	藜科	钾猪毛菜	*Salsola kali*
183	藜科	肯诺藜	*Chenolea divaricata*
184	藜科	地肤	*Kochia scoparia*
185	藜科	虫实	*Corispermum hyssopifolium*
186	藜科	沙蓬	*Agriophyllum squarrosum*
187	藜科	碱蓬	*Suaeda glauca*
188	藜科	雾冰藜	*Bassia dasyphylla*

（续）

序号	科名	种名	学名
189	藜科	兴安虫实	*Corispermum chinganicum*
190	苋科	反枝苋	*Amaranthus retroflexus*
191	苋科	绿苋	*Amaranthus viridis*
192	苋科	细枝苋	*Amaranthus gracilentus*
193	马齿苋科	马齿苋	*Portulaca oleracea*
194	马兜铃科	北马兜铃	*Aristolochia contorta*
195	石竹科	瞿麦	*Dianthus superbus*
196	石竹科	长苞实竹	*Dianthus chinensis*
197	石竹科	卷耳	*Cerastium arvense*
198	石竹科	簇生卷耳	*Cerastium caespitosum*
199	石竹科	缘毛卷耳	*Cerastium furcatum*
200	石竹科	寄奴花	*Cerastium paucirlorum*
201	石竹科	大花剪秋罗	*Lychnis fulgens*
202	石竹科	无瓣剪秋罗	*Lychnis apetata*
203	石竹科	旱麦瓶草	*Silene jenisseensis*
204	石竹科	米瓦罐	*Silene conoidea*
205	石竹科	细麦瓶草	*Silene tenuris*
206	石竹科	瓶子草	*Silene tatarinowii*
207	石竹科	朝鲜麦瓶草	*Silene koreana*
208	石竹科	长蕊石头花	*Gypsophila oldhamiana*
209	石竹科	女娄菜	*Melandrium apricum*
210	石竹科	山女娄菜	*Melandrium tatarinowii*
211	石竹科	小瓣女娄菜	*Melandrium apetalum*
212	石竹科	坚硬女娄菜	*Melandrium firmum*
213	石竹科	种阜草	*Moehringia lateriflora*
214	石竹科	牛繁缕	*Malachium aquaticum*
215	石竹科	老牛筋	*Arenaria juncea*
216	石竹科	毛叶老牛筋	*Arenaria capillaris*
217	石竹科	福禄草	*Arenaria przewalskii*
218	石竹科	美丽老牛筋	*Arenaria formosa*
219	石竹科	蔓假繁缕	*Pseudostellaria davidii*
220	石竹科	兴安繁缕	*Stellaria cherleriae*
221	石竹科	内弯繁缕	*Stellaria infracta*
222	石竹科	伞花繁缕	*Stellaria umbellata*
223	石竹科	绿花繁缕	*Stellaria viridiflora*
224	石竹科	偃卧繁缕	*Stellaria decumbens*
225	石竹科	拟漆姑	*Spergularia marina*
226	石竹科	雀舌草	*Stellaria alsine*
227	石竹科	石缝蝇子草	*Silene foliosa*
228	石竹科	河北石头花	*Gypsophila tschiliensis*
229	睡莲科	芡实	*Euryale ferox*

（续）

序号	科名	种名	学名
230	毛茛科	金莲花	*Trollius chinensis*
231	毛茛科	短瓣金莲花	*Trollius ledebouri*
232	毛茛科	翠雀	*Delphinium grandiflorum*
233	毛茛科	准噶尔乌头	*Aconitum soongaricum*
234	毛茛科	北乌头	*Aconitum kusnezoffii*
235	毛茛科	高乌头	*Aconitum sinomontanum*
236	毛茛科	附子	*Aconitum chinense*
237	毛茛科	牛扁	*Aconitum ochranthum*
238	毛茛科	乌头	*Aconitum carmichaelii*
239	毛茛科	细叶乌头	*Aconitum macrorhynchum*
240	毛茛科	华北耧斗菜	*Aquilegia yabeana*
241	毛茛科	尖萼耧斗菜	*Aquilegia oxysepala*
242	毛茛科	大耧斗菜	*Aquilegia vulgaris*
243	毛茛科	野耧斗菜	*Aquilegia viridiflora*
244	毛茛科	白头翁	*Pulsatilla chinensis*
245	毛茛科	朝鲜白头翁	*Pulsatilla cernua*
246	毛茛科	大瓣铁线莲	*Clematis macropetala*
247	毛茛科	长瓣铁线莲	*Clematis brevicaudata*
248	毛茛科	灌木铁线莲	*Clematis fruticosa*
249	毛茛科	大叶铁线莲	*Clematis heracleifolia*
250	毛茛科	棉团铁线莲	*Clematis hexapetala*
251	毛茛科	芹叶铁线莲	*Clematis aethusaefolia*
252	毛茛科	黄花铁线莲	*Clematis intricata*
253	毛茛科	褐紫铁线莲	*Clematis fusca*
254	毛茛科	宽萼铁线莲	*Clematis platysepala*
255	毛茛科	钝萼铁线莲	*Clematis peterae*
256	毛茛科	高山铁线莲	*Clematis alpina*
257	毛茛科	羽叶铁线莲	*Clematis pinnata*
258	毛茛科	粉绿铁线莲	*Clematis glauca*
259	毛茛科	瓣蕊唐松草	*Thalictrum petaloideum*
260	毛茛科	东亚唐松草	*Thalictrum thunbergii*
261	毛茛科	展枝唐松草	*Thalictrum squarrosum*
262	毛茛科	唐松草	*Thalictrum aquilegifolium*
263	毛茛科	长柄唐松草	*Thalictrum przewalskii*
264	毛茛科	高山唐松草	*Thalictrum alpinum*
265	毛茛科	腺毛唐松草	*Thalictrum foetidum*
266	毛茛科	偏翅唐松草	*Thalictrum delavayi*
267	毛茛科	亚欧唐松草	*Thalictrum minus*
268	毛茛科	长喙唐松草	*Thalictrum macrorhynchum*
269	毛茛科	水毛茛	*Batrachium bungei*
270	毛茛科	毛茛	*Ranunculus japonicus*

（续）

序号	科名	种名	学名
271	毛茛科	假酸毛茛	*Ranunculus propinquus*
272	毛茛科	茴茴蒜	*Ranunculus chinensis*
273	毛茛科	车前叶毛茛	*Ranunculus plantaginifolia*
274	毛茛科	肾叶毛茛	*Ranunculus cymbalaria*
275	毛茛科	单叶毛茛	*Ranunculus monophyllus*
276	毛茛科	兴安升麻	*Cimicifuga dahurica*
277	毛茛科	银莲花	*Anemone cathayensis*
278	毛茛科	长毛银莲花	*Anemone narcissiflora*
279	毛茛科	大花银莲花	*Anemone silvestris*
280	毛茛科	钝裂银莲花	*Anemone obtusiloba*
281	毛茛科	小花草玉梅	*Anemone rivularis*
282	毛茛科	野牡丹	*Melastoma candidum*
283	毛茛科	类叶升麻	*Actaea asiatica*
284	毛茛科	水葫芦苗	*Halerpestes sarmentosa*
285	毛茛科	长叶碱毛茛	*Halerpestes ruthenica*
286	毛茛科	升麻	*Cimicifuga foetida*
287	毛茛科	宽瓣金莲花	*Trollius asiaticus*
288	毛茛科	冀北翠雀花	*Delphinium siwanense*
289	芍药科	乳白花芍药	*Paeonia lactiflora*
290	芍药科	草芍药	*Paeonia obovata*
291	小檗科	直穗小檗	*Berberis dasystachya*
292	小檗科	细叶小檗	*Berberis poiretii*
293	小檗科	大叶小檗	*Berberis amurensis*
294	小檗科	西伯利亚小檗	*Berberis sibirica*
295	木兰科	北五味子	*Schisandra chinensis*
296	木兰科	天女木兰	*Magnolia sieboldii*
297	莲科	莲	*Nelumbo nucifera*
298	罂粟科	野罂粟	*Papaver nudicaule*
299	罂粟科	白屈菜	*Chelidonium majus*
300	罂粟科	小黄紫堇	*Corydalia raddeana*
301	罂粟科	地丁草	*Corydalis bungeana*
302	罂粟科	黄紫堇	*Corydalis ochotensis*
303	罂粟科	夏天无	*Corydalis decumbens*
304	罂粟科	细果角茴香	*Hypecoum leptocarpum*
305	罂粟科	角茴香	*Hypecoum erectum*
306	罂粟科	少花延胡索	*Corydalis pauciflora*
307	十字花科	芝麻菜	*Eruca sativa*
308	十字花科	播娘蒿	*Descurainia sophia*
309	十字花科	香花芥	*Hesperis trichosepala*
310	十字花科	糖芥	*Erysimum aurantiacum*
311	十字花科	独行菜	*Lepidium apetalum*

（续）

序号	科名	种名	学名
312	十字花科	宽叶独行菜	*Lepidium latifolium*
313	十字花科	柱腺独行菜	*Lepidium ruderale*
314	十字花科	荠	*Capsella bursa-pastoris*
315	十字花科	垂果大蒜芥	*Sisymbrium heteromallum*
316	十字花科	垂果南芥	*Arabis pendula*
317	十字花科	硬毛南芥	*Arabis hirsuta*
318	十字花科	圆锥南芥	*Arabis paniculata*
319	十字花科	苞序葶苈	*Draba ladyginii*
320	十字花科	葶苈	*Draba nemorosa*
321	十字花科	灰白葶苈	*Draba incana*
322	十字花科	风花菜	*Rorippa globosa*
323	十字花科	紫花碎米芥	*Cardamine tangutorum*
324	十字花科	白花碎米芥	*Cardamine leucantha*
325	十字花科	粗毛碎米荠	*Cardamine hirsuta*
326	十字花科	大叶碎米芥	*Cardamine macrophylla*
327	十字花科	花旗杆	*Dontostemon dentatus*
328	十字花科	遏蓝菜	*Thlaspi arvense*
329	十字花科	异蕊芥	*Dimorphostemon pectinatus*
330	十字花科	蒙古马康草	*Malcolmia mongolica*
331	十字花科	水田芥	*Nasturtiun palustre*
332	十字花科	豆瓣菜	*Nasturtium officinale*
333	十字花科	雾灵香花芥	*Hesperis oreophila*
334	景天科	瓦松	*Orostachys fimbriatus*
335	景天科	钝叶瓦松	*Orostachys malacophyllus*
336	景天科	日本瓦松	*Orostachys japonicus*
337	景天科	红景天	*Rhodiola rosea*
338	景天科	小丛红景天	*Rhodiola dumulosa*
339	景天科	狭叶红景天	*Rhodiola kirilowii*
340	景天科	景天	*Sedum erythrostictum*
341	景天科	堪察加景天	*Sedum kamtschaticum*
342	景天科	华北景天	*Sedum tatarinowii*
343	景天科	景天三七	*Sedum aizoon*
344	景天科	长茎景天	*Sedum eupatorioides*
345	景天科	白景天	*Sedum pallescens*
346	景天科	宽叶景天	*Sedum platyphyllum*
347	景天科	火焰草	*Sedum stellariifolium*
348	景天科	狗景天	*Stellariifolium maddendorffianum*
349	景天科	大石松子	*Stellariifolium roseum*
350	景天科	承德东爪草	*Tillaea mongolica*
351	虎耳草科	东北茶藨子	*Ribes mandshuricum*
352	虎耳草科	东陵绣球	*Hydrangea bretschneideri*

（续）

序号	科名	种名	学名
353	虎耳草科	太平花	*Philadelphus pekinensis*
354	虎耳草科	山梅花	*Philadelphus incanus*
355	虎耳草科	大花溲疏	*Deutzia grandiflora*
356	虎耳草科	小花溲疏	*Deutzia parviflora*
357	虎耳草科	钩齿溲疏	*Deutzia hamata*
358	虎耳草科	落新妇	*Astilbe chinensis*
359	虎耳草科	梅花草	*Parnassia palustris*
360	虎耳草科	细叉梅花草	*Parnassia oreophila*
361	虎耳草科	球茎虎耳草	*Saxifraga sibirica*
362	虎耳草科	爪虎耳草	*Saxifraga unguiculata*
363	虎耳草科	林氏虎耳草	*Saxifraga limprichtii*
364	虎耳草科	互叶金腰子	*Chrysosplenium alternifolium*
365	虎耳草科	蔓金腰子	*Chrysosplenium flagelliferum*
366	虎耳草科	无毛独根草	*Oresitrophe rupifraga*
367	蔷薇科	三桠绣线菊	*Spiraea trilobata*
368	蔷薇科	柔毛绣线菊	*Spiraea pubescens*
369	蔷薇科	绒毛绣线菊	*Spiraea dasyantha*
370	蔷薇科	蒙古绣线菊	*Spiraea mongolica*
371	蔷薇科	金丝桃叶绣线菊	*Spiraea hypericifolia*
372	蔷薇科	尖芽绣线菊	*Spiraea gemmata*
373	蔷薇科	多花栒子	*Cotoneaster multiflorus*
374	蔷薇科	灰栒子	*Cotoneaster acutifolius*
375	蔷薇科	黑果栒子	*Cotoneaster melanocarpus*
376	蔷薇科	西北栒子	*Cotoneaster zabelli*
377	蔷薇科	珍珠梅	*Sorbaria sorbifolia*
378	蔷薇科	山楂	*Crataegus pinnatifida*
379	蔷薇科	辽宁山楂	*Crataegus sanguinea*
380	蔷薇科	甘肃山楂	*Crataegus kansuensis*
381	蔷薇科	毛山楂	*Crataegus maximowiczii*
382	蔷薇科	华中山楂	*Crataegus wilsonnii*
383	蔷薇科	瓦氏山楂	*Crataegus wattiana*
384	蔷薇科	北京花楸	*Sorbus discolor*
385	蔷薇科	百花山花楸	*Sorbus paohuashanensis*
386	蔷薇科	花楸	*Sorbus dacica*
387	蔷薇科	褐梨	*Pyrus phaeocarpa*
388	蔷薇科	杜梨	*Pyrus betulaefolia*
389	蔷薇科	木梨	*Pyrus xeoiphila*
390	蔷薇科	山荆子	*Malus baccata*
391	蔷薇科	山刺玫	*Rosa davurica*
392	蔷薇科	黄刺玫	*Rosa xanthina*
393	蔷薇科	美蔷薇	*Rosa bella*

（续）

序号	科名	种名	学名
394	蔷薇科	施氏蔷薇	*Rosa sweginzowii*
395	蔷薇科	腺果大叶蔷薇	*Rosa macrophylla*
396	蔷薇科	刺玫瑰	*Rosa rugosa*
397	蔷薇科	牛迭肚	*Rubus crataegifolius*
398	蔷薇科	茅莓	*Rubus parvifolius*
399	蔷薇科	石生悬钩子	*Rubus saxatilis*
400	蔷薇科	覆盆子	*Rubus idaeus*
401	蔷薇科	金露梅	*Dasiphora fruticosa*
402	蔷薇科	银露梅	*Potentilla glabra*
403	蔷薇科	山杏	*Armeniaca sibirica*
404	蔷薇科	山桃	*Prunus davidiana*
405	蔷薇科	毛樱桃	*Prunus tomentosa*
406	蔷薇科	欧李	*Prunus humilis*
407	蔷薇科	稠李	*Padus racemosa*
408	蔷薇科	毛叶稠李	*Prunus padus* var. *pubescens*
409	蔷薇科	榆叶梅	*Prunus triloba*
410	蔷薇科	李	*Prunus salicina*
411	蔷薇科	鹅绒委陵菜	*Potentilla anserina*
412	蔷薇科	委陵菜	*Potentilla chinensis*
413	蔷薇科	二裂委陵菜	*Potentilla bifurca*
414	蔷薇科	钩叶委陵菜	*Potentilla ancistrifolia*
415	蔷薇科	多茎委陵菜	*Potentilla multicaulis*
416	蔷薇科	雪白委陵菜	*Potentilla nivea*
417	蔷薇科	菊叶委陵菜	*Potentilla tanacetifolia*
418	蔷薇科	腺毛委陵菜	*Potentilla longifolia*
419	蔷薇科	朝天委陵菜	*Potentilla supina*
420	蔷薇科	匍匐委陵菜	*Potentilla reptans*
421	蔷薇科	匍枝委陵菜	*Potentilla flagellaris*
422	蔷薇科	莓叶委陵菜	*Potentilla fragarioides*
423	蔷薇科	西山委陵菜	*Potentilla sishanensis*
424	蔷薇科	多裂委陵菜	*Potentilla multifida*
425	蔷薇科	沙地委陵菜	*Potentilla filipendula*
426	蔷薇科	白毛委陵菜	*Potentilla sericea*
427	蔷薇科	蛇莓委陵菜	*Potentilla centigrana*
428	蔷薇科	三叶委陵菜	*Potentilla freyniana*
429	蔷薇科	星毛委陵菜	*Potentilla acanlis*
430	蔷薇科	轮叶委陵菜	*Potentilla verticillaris*
431	蔷薇科	同毛委陵菜	*Potentilla simulatrix*
432	蔷薇科	翻白草	*Potentilla discolor*
433	蔷薇科	地榆	*Sanguisorba officinalis*
434	蔷薇科	矮地榆	*Sanguisorba filiformis*

（续）

序号	科名	种名	学名
435	蔷薇科	东方草莓	*Fragaria orientalis*
436	蔷薇科	黄果悬钩子	*Rubus xanthocarpus*
437	蔷薇科	蚊子草	*Filipendula palmata*
438	蔷薇科	水杨梅	*Geum aleppicum*
439	蔷薇科	蛇莓	*Duchesnea indica*
440	蔷薇科	直立地蔷薇	*Chamaerhodos erecta*
441	蔷薇科	毛地蔷薇	*Chamaerhodos canescens*
442	蔷薇科	大花地蔷薇	*Chamaerhodos grandiflora*
443	蔷薇科	龙芽草	*Agrimonia pilosa*
444	蔷薇科	库页悬钩子	*Rubus sachalinensis*
445	蔷薇科	海棠果	*Malus theifera*
446	蔷薇科	宽蕊地榆	*Sangutsorba appalanata*
447	蔷薇科	风箱果	*Physocarpus amurensis*
448	蔷薇科	河北梨	*Pyrus hopeiensis*
449	蔷薇科	绣线菊	*Spiraea salicifolia*
450	蔷薇科	缘毛太行花	*Taihangia rupestris*
451	豆科	红花锦鸡儿	*Caragan rosea*
452	豆科	小叶锦鸡儿	*Caragana microphylla*
453	豆科	鬼箭锦鸡儿	*Caragana jubata*
454	豆科	树锦鸡儿	*Caragan arborescens*
455	豆科	北京锦鸡儿	*Caragana pekinensis*
456	豆科	狭叶锦鸡儿	*Caragana stenophylla*
457	豆科	矮锦鸡儿	*Caragana pygmaea*
458	豆科	胡枝子	*Lespedeza bicolor*
459	豆科	多花胡枝子	*Lespedeza floribunda*
460	豆科	达呼里胡枝子	*Lespedeza daurica*
461	豆科	绒毛胡枝子	*Lespedeza tomentosa*
462	豆科	尖叶铁扫帚	*Lespedeza juncea*
463	豆科	长叶铁扫帚	*Lespedeza caraganae*
464	豆科	戴叶铁扫帚	*Lespedeza cuneata*
465	豆科	中华胡枝子	*Lespedeza chinensis*
466	豆科	短梗胡枝子	*Lespedeza cyrtobotrya*
467	豆科	杭子梢	*Camphyiotropis macrocarpa*
468	豆科	吉氏木蓝	*Indigofera kirilowii*
469	豆科	本氏木蓝	*Indigofera bungeana*
470	豆科	紫花苜蓿	*Campylotropis polyantha*
471	豆科	天蓝苜蓿	*Medicago lupulina*
472	豆科	野苜蓿	*Medicago falcata*
473	豆科	南苜蓿	*Medicago hispida*
474	豆科	花苜蓿	*Mhispida ruthenica*
475	豆科	白香草木樨	*Melilotus albus*

（续）

序号	科名	种名	学名
476	豆科	细齿草木樨	*Melilotus dentatus*
477	豆科	草木樨	*Melilotus suaveolens*
478	豆科	黄香草木樨	*Melilotus officinalis*
479	豆科	歪头菜	*Vicia unijuga*
480	豆科	假香野豌豆	*Vicia pseudo-orobus*
481	豆科	广布野豌豆	*Vicia cracca*
482	豆科	山野豌豆	*Vicia amoena*
483	豆科	窄叶野豌豆	*Vicia angnstifolia*
484	豆科	长柔野豌豆	*Vicia villosa*
485	豆科	大野豌豆	*Vicia gigantea*
486	豆科	救荒野豌豆	*Vicia sativa*
487	豆科	茳芒决明	*Senna sophera*
488	豆科	五脉山黧豆	*Lathyrus quinquenervius*
489	豆科	细叶牧地香豌豆	*Lathyrus palustris*
490	豆科	直立黄芪	*Astragalus adsurgens*
491	豆科	短花梗黄芪	*Astragalus hancockii*
492	豆科	边向花黄芪	*Astragalus moellendorffii*
493	豆科	内蒙黄芪	*Astragalus mongholicus*
494	豆科	膜荚黄芪	*Astragalus membranaceus*
495	豆科	小五台黄芪	*Astragalus chrysopterrs*
496	豆科	扁茎黄芪	*Astragalus complanatus*
497	豆科	草木樨状黄芪	*Astragalus melilotoides*
498	豆科	毛细柄黄芪	*Astragalus capillipes*
499	豆科	达呼里黄芪	*Astragalus dahuricus*
500	豆科	灰叶黄芪	*Astragalus discolor*
501	豆科	糙叶黄芪	*Astragalus scaberrimus*
502	豆科	短翼岩黄芪	*Hedysarum brachypterum*
503	豆科	拟蚕豆岩黄芪	*Hedysarum vicioides*
504	豆科	多序岩黄芪	*Hedysarum polybotrys*
505	豆科	华北岩黄芪	*Hedysarum gmecinii*
506	豆科	蒙古岩黄芪	*Hedysarum mogolicum*
507	豆科	湿地岩黄芪	*Hedysarum inundatam*
508	豆科	蓝花棘豆	*Oxytropis coerulea*
509	豆科	球花棘豆	*Oxytropis strobilacea*
510	豆科	窄膜棘豆	*Oxytropis moellendorffii*
511	豆科	黑萼棘豆	*Oxytropis melanocalyx*
512	豆科	黄花棘豆	*Oxytropis ochrocephala*
513	豆科	黄毛棘豆	*Oxytropis ochrantha*
514	豆科	狐尾藻棘豆	*Oxytropis myriophylla*
515	豆科	砂珍棘豆	*Oxytropis psammocharis*
516	豆科	野大豆	*Glycine soja*

（续）

序号	科名	种名	学名
517	豆科	苦参	*Sophora flavescens*
518	豆科	米口袋	*Gueldenstaedtia multiflora*
519	豆科	狭叶米口袋	*Gueldenstaedtia stenophylla*
520	豆科	甘草	*Glycyrrhiza uralensis*
521	豆科	园果甘草	*Glycyrrhiza squamulosa*
522	豆科	腺果甘草	*Glycyrrhiza glandulifera*
523	豆科	杂种车轴草	*Trifolium hybridum*
524	豆科	披针叶黄华	*Thermopsis lanceolata*
525	豆科	高山黄华	*Thermopsis alpina*
526	豆科	轮生叶黄华	*Thermopsis inflata*
527	豆科	丽豆	*Calophaca sinica*
528	豆科	鸡眼草	*Kummerowia striata*
529	豆科	鹰嘴豆	*Cicer arietinum*
530	豆科	兵豆	*Lens culinaris*
531	豆科	苦马豆	*Sphaerophysa salsula*
532	豆科	金翼黄耆	*Astragalus chrysopterus*
533	豆科	槐	*Sophora japonica*
534	豆科	洋槐	*Robinia pseudoacacia*
535	豆科	金雀花	*Parochetus communis*
536	豆科	朝鲜槐	*Maackia amurensis*
537	豆科	三籽两型豆	*Amphicarpaea trisperma*
538	豆科	山绿豆	*Phaseolus minimus*
539	酢浆草科	酢浆草	*Oxalis corniculata*
540	酢浆草科	山酢浆草	*Oxalis griffithii*
541	牻牛儿苗科	草原老鹳草	*Geranium pratense*
542	牻牛儿苗科	毛蕊老鹳草	*Geranium platyanthum*
543	牻牛儿苗科	灰背老鹳草	*Geranium wlassowianum*
544	牻牛儿苗科	鼠掌老鹳草	*Geranium sibiricum*
545	牻牛儿苗科	兴安老鹳草	*Geranium maximowiczii*
546	牻牛儿苗科	块根老鹳草	*Geranium dahuricum*
547	牻牛儿苗科	牻牛儿苗	*Erodium Stephanianum*
548	牻牛儿苗科	老鹳草	*Geranium wilfordii*
549	亚麻科	宿根亚麻	*Linum perenne*
550	亚麻科	野亚麻	*Linum stelleroides*
551	亚麻科	亚麻	*Linum usitatissimum*
552	蒺藜科	蒺藜	*Tribulus terrestris*
553	蒺藜科	骆驼蓬	*Peganum harmala*
554	芸香科	臭檀茱萸	*Euodia daniellii*
555	芸香科	黄檗	*Phellodendron amurense*
556	芸香科	野花椒	*Zanthoxylum simulans*
557	苦木科	臭椿	*Ailanthus altissima*

（续）

序号	科名	种名	学名
558	远志科	远志	*Polygala tenuifolia*
559	远志科	西伯利亚远志	*Polygala sibirica*
560	大戟科	铁苋菜	*Acalypha australis*
561	大戟科	叶底珠	*Securinega suffruticosa*
562	大戟科	雀儿舌头	*Leptopus chinensis*
563	大戟科	乳浆大戟	*Euphorbia esula*
564	大戟科	地锦草	*Euphorbia humifusa*
565	大戟科	猫眼草	*Euphorbia lunulata*
566	大戟科	甘遂	*Euphorbia kansui*
567	大戟科	泽漆	*Euphorbia helioscopia*
568	大戟科	北京大戟	*Euphorbi pekinensis*
569	大戟科	地构叶	*Speranskia tuberculata*
570	大麻科	青檀	*Pteroceltis tatarinowii*
571	漆树科	黄栌	*Cotinus coggygria*
572	漆树科	野漆树	*Rhus succedanea*
573	漆树科	黄连木	*Pistacia chinensis*
574	漆树科	漆树	*Toxicodendron vernicifluum*
575	卫矛科	卫矛	*Euonymus alatus*
576	卫矛科	桃叶卫矛	*Euonymus hamiltonianus*
577	卫矛科	小卫矛	*Euonymus nanoides*
578	卫矛科	山地卫矛	*Euonymus oresbius*
579	卫矛科	百齿卫矛	*Euonymus centidens*
580	卫矛科	八宝茶	*Euonymus przewalskii*
581	卫矛科	马氏卫矛	*Euonymus maackii*
582	卫矛科	南蛇藤	*Celastrus orbiculatus*
583	卫矛科	刺苞南蛇藤	*Celastrus flagellaris*
584	省沽油科	省沽油	*Staphylea bumalda*
585	槭树科	元宝槭	*Acer truncatum*
586	槭树科	茶条槭	*Acer ginnala*
587	槭树科	叶槭	*Acer negundo*
588	槭树科	白芷	*Angelica dahurica*
589	无患子科	文冠果	*Xanthoceras sorbifolia*
590	无患子科	栾树	*Koelreuteria paniculata*
591	凤仙花科	水金凤	*Impatiens noli-tangere*
592	凤仙花科	东北凤仙花	*Impatiens furcillata*
593	鼠李科	小叶鼠李	*Rhamnus parvifolia*
594	鼠李科	锐齿鼠李	*Rhamnus arguta*
595	鼠李科	圆叶鼠李	*Rhamnus globosa*
596	鼠李科	辽东鼠李	*Rhamnus meyeri*
597	鼠李科	柳叶鼠李	*Rhamnus erythroxylon*
598	鼠李科	长梗鼠李	*Rhamnus schneideri*

（续）

序号	科名	种名	学名
599	鼠李科	皱叶鼠李	*Rhamnus rugulosa*
600	鼠李科	枣	*Zizyphus jujuba*
601	鼠李科	雀梅藤	*Sageretia thea*
602	鼠李科	少脉雀梅藤	*Sageretia paucicostata*
603	鼠李科	北枳椇	*Hovenia dulcis*
604	葡萄科	山葡萄	*Vitis amurensis*
605	葡萄科	毛葡萄	*Vitis heyneana*
606	葡萄科	乌头叶蛇葡萄	*Ampelopsis aconitifolia*
607	葡萄科	葎叶蛇葡萄	*Ampelopsis humulifolia*
608	葡萄科	变叶葡萄	*Vitis piasezkii*
609	猕猴桃科	软枣猕猴桃	*Actinidia arguta*
610	猕猴桃科	狗枣猕猴桃	*Actinidia kolomikta*
611	椴树科	蒙椴	*Tilia mongolica*
612	椴树科	辽椴	*Tilia mandshurica*
613	锦葵科	北锦葵	*Malva mohileviensis*
614	锦葵科	野葵	*Malva verticillata*
615	锦葵科	锦葵	*Malva sinensis*
616	锦葵科	野西瓜苗	*Hibiscus trionum*
617	锦葵科	紫椴	*Tilia amurensis*
618	藤黄科	黄海棠	*Hypericum ascyron*
619	藤黄科	野金丝桃	*Hypericum attenuatum*
620	藤黄科	贯叶连翘	*Hypericum perforatum*
621	堇菜科	早开堇菜	*Viola prionantha*
622	堇菜科	紫花地丁	*Viola philippica*
623	堇菜科	球果堇菜	*Viola collina*
624	堇菜科	斑叶堇菜	*Viola variegata*
625	堇菜科	双花堇菜	*Viola biflora*
626	堇菜科	鸡腿堇菜	*Viola acuminata*
627	堇菜科	裂叶堇菜	*Viola dissecta*
628	堇菜科	北京堇菜	*Viola pekinensis*
629	堇菜科	细距堇菜	*Viola tenuicornis*
630	堇菜科	块茎堇菜	*Viola tuberifera*
631	堇菜科	深山堇菜	*Viola selkirkii*
632	堇菜科	毛堇菜	*Viola thomsonii*
633	堇菜科	东北堇菜	*Viola mandshurica*
634	堇菜科	南山堇菜	*Viola chaerophylloides*
635	堇菜科	白花堇菜	*Viola lactiflora*
636	堇菜科	茜堇菜	*Viola phalacrocarpa*
637	堇菜科	阴地堇菜	*Viola yezoensis*
638	堇菜科	掌叶堇菜	*Viola dactyloides*
639	瑞香科	河朔荛花	*Wikstroemia chamaedaphne*

（续）

序号	科名	种名	学名
640	瑞香科	荛花	*Wikstroemia canescens*
641	瑞香科	狼毒	*Stellera chamaejasme*
642	瑞香科	草瑞香	*Diarthron linifolium*
643	瑞香科	白蜡叶荛花	*Wikstroemia ligustrina*
644	胡颓子科	沙棘	*Hippophae rhamnoides*
645	菱科	四角菱	*Trapa quadrispinosa*
646	柳叶菜科	柳兰	*Chamaenerion angustifolium*
647	柳叶菜科	东北柳叶菜	*Epilobium ciliatum*
648	柳叶菜科	沼生柳叶菜	*Epilobium palustre*
649	柳叶菜科	毛脉柳叶菜	*Epilobium amurense*
650	柳叶菜科	长籽柳叶菜	*Epilobium pyrricholophum*
651	柳叶菜科	柳叶菜	*Epilobium hirsutum*
652	柳叶菜科	异叶柳叶菜	*Epilobium propinquum*
653	柳叶菜科	露珠草	*Circaea cordata*
654	柳叶菜科	高山露珠草	*Circaea alpina*
655	柳叶菜科	月见草	*Oenothera biennis*
656	五加科	刺五加	*Acanthopanax senticosus*
657	五加科	糙叶五加	*Acanthopanax henryi*
658	五加科	无梗五加	*Acanthopanax sessiliflorus*
659	五加科	刺楸	*Kalopanax septemlobus*
660	五加科	红毛五加	*Acanthopanax giraldii*
661	伞形科	北柴胡	*Bupleurum chinense*
662	伞形科	黑柴胡	*Bupleurum smithii*
663	伞形科	红柴胡	*Bupleurum scorzonerifolium*
664	伞形科	长茎柴胡	*Bupleurum longicaule*
665	伞形科	紫茎独活	*Angelica porphyrocaulis*
666	伞形科	大齿当归	*Angelica grosseserrata*
667	伞形科	狭叶当归	*Angelica anomala*
668	伞形科	毛当归	*Angelica pubescens*
669	伞形科	黑水当归	*Angelica amurensis*
670	伞形科	辽藁本	*Ligusticum jeholense*
671	伞形科	岩茴香	*Ligusticum tachiroei*
672	伞形科	细叶藁本	*Ligusticum tenuissimum*
673	伞形科	短片藁本	*Ligusticum brachylobum*
674	伞形科	匍匐藁本	*Ligusticum reptans*
675	伞形科	防风	*Saposhnikovia divaricata*
676	伞形科	石防风	*Peucedanum terebinthaceum*
677	伞形科	刺尖石防风	*Peucedanum elegans*
678	伞形科	沙茴香	*Peucedanum rigidum*
679	伞形科	短毛独活	*Heracleum moellendorffii*
680	伞形科	迷果芹	*Sphallerocarpus gracilis*

（续）

序号	科名	种名	学名
681	伞形科	棱子芹	*Pleurospermum camtschaticum*
682	伞形科	小窃衣	*Torilis japonica*
683	伞形科	破子草	*Torilis anthriscus*
684	伞形科	水芹	*Oenanthe javanica*
685	伞形科	邪蒿	*Seseli seseloides*
686	伞形科	变豆菜	*Sanicula chinensis*
687	伞形科	峨参	*Anthriscus sylvestris*
688	伞形科	短柱茴芹	*Pimpinella brachystyla*
689	伞形科	兴安柴胡	*Bupleurum sibiricum*
690	伞形科	河北葛缕子	*Carum bretschneideri*
691	伞形科	山芹	*Ostericum sieboldii*
692	伞形科	葛缕子	*Carum carvi*
693	伞形科	珊瑚菜	*Glehnia littoralis*
694	山茱萸科	沙梾	*Cornus bretschneideri*
695	山茱萸科	毛梾	*Cornus walteri*
696	山茱萸科	八角枫	*Alangium chinense*
697	鹿蹄草科	鹿蹄草	*Pyrola calliantha*
698	鹿蹄草科	红花鹿蹄草	*Pyrola incarnata*
699	鹿蹄草科	独丽花	*Moneses uniflora*
700	鹿蹄草科	松下兰	*Monotropa hypopitys*
701	杜鹃花科	照山白	*Rhododendron micranthum*
702	杜鹃花科	迎红杜鹃	*Rhododendron mucronulatum*
703	蓝雪科	二色补血草	*Limonium bicolor*
704	龙胆科	秦艽	*Gentiana macrophylla*
705	龙胆科	纤细龙胆	*Gentiana pluviarum*
706	龙胆科	达乌里秦艽	*Gentiana dahurica*
707	龙胆科	鳞叶龙胆	*Gentiana squarrosa*
708	龙胆科	假水生龙胆	*Gentiana pseudo-aquatica*
709	龙胆科	五台秦艽	*Gentiana wutaiensis*
710	龙胆科	笔龙胆	*Gentiana zollingeri*
711	龙胆科	剪割龙胆	*Gentiana barbata*
712	龙胆科	北方獐芽菜	*Swertia diluta*
713	龙胆科	瘤毛獐牙菜	*Swertia pseudochinensis*
714	龙胆科	红直獐牙菜	*Swertia erythrosticta*
715	龙胆科	獐牙菜	*Swertia bimaculata*
716	龙胆科	大籽獐牙菜	*Swertia macrosperma*
717	龙胆科	花锚	*Halenia corniculata*
718	龙胆科	扁蕾	*Gentianopsis barbata*
719	龙胆科	小扁蕾	*Gentianopsis nana*
720	龙胆科	糙边扁蕾	*Gentianopsis scabromarginata*
721	龙胆科	镰萼假龙胆	*Gentianella falcata*

（续）

序号	科名	种名	学名
722	龙胆科	腺鳞草	*Anagallidium dichotomum*
723	龙胆科	辐花侧蕊	*Lomatogonium rotatum*
724	龙胆科	翼萼龙胆	*Gentiana pterocalyx*
725	夹竹桃科	合掌消	*Cynanchum amplexicaule*
726	旋花科	菟丝子	*Cuscuta chinensis*
727	旋花科	金灯藤	*Cuscuta japonica*
728	旋花科	田旋花	*Convolvulus arvensis*
729	旋花科	篱打碗花	*Calystegia sepium*
730	旋花科	打碗花	*Calystegia hederacea*
731	旋花科	藤长苗	*Calystegia pellita*
732	旋花科	肾叶打碗花	*Calystegia soldanella*
733	旋花科	园叶牵牛	*Pharbitis purpurea*
734	紫草科	紫草	*Lithospermum erythrorhizon*
735	紫草科	勿忘草	*Myosotis sylvatica*
736	紫草科	湿地勿忘草	*Myosotis caespitosa*
737	紫草科	狼紫草	*Anchusa ovata*
738	紫草科	大果琉璃草	*Cynoglossum divaricatum*
739	紫草科	斑种草	*Bothriospermum chinense*
740	紫草科	多苞斑种草	*Bothriospermum secundum*
741	紫草科	狭苞斑种草	*Bothriospermum kusnetzowii*
742	紫草科	石果鹤虱	*Lappula spinocarpos*
743	紫草科	紫筒草	*Stenosolenium saxatile*
744	紫草科	北齿缘草	*Eritrichium borealisinense*
745	紫草科	石生齿缘草	*Eritrichium rupestre*
746	紫草科	附地菜	*Trigonotis peduncularis*
747	紫草科	钝萼附地菜	*Trigonotis amblyosepala*
748	紫草科	砂引草	*Tournefortia sibirica*
749	紫草科	卵盘鹤虱	*Lappula redowskii*
750	马鞭草科	荆条	*Vitex negundo* var. *heterophylla*
751	唇形科	单花莸	*Caryopteris nepetifolia*
752	唇形科	口外糙苏	*Phlomis jeholensis*
753	唇形科	领春木	*Euptelea pleiospermum*
754	唇形科	蒙古莸	*Caryopteris mongholica*
755	唇形科	柔毛益母草	*Leonurus villosissimus*
756	茄科	枸杞	*Lycium chinense*
757	茄科	北方枸杞	*Lycium chinense* var. *potaninii*
758	茄科	青杞	*Solanum septemlobum*
759	茄科	龙葵	*Solanum nigrum*
760	茄科	酸浆	*Physalis alkekengi*
761	茄科	天仙子	*Hyoscyamus niger*
762	茄科	曼陀罗	*Datura stramonium*

（续）

序号	科名	种名	学名
763	玄参科	阴行草	*Siphonostegia chinensis*
764	玄参科	松蒿	*Phtheirospermum japonicum*
765	玄参科	华北玄参	*Scrophularia moellendorffii*
766	玄参科	玄参	*Scrophularia ningpoensis*
767	玄参科	光药大黄花	*Cymbaria mongolica*
768	玄参科	达乌里芯芭	*Cymbaria dahurica*
769	玄参科	小米草	*Euphrasia pectinata*
770	玄参科	疗齿草	*Odontites serotina*
771	玄参科	细叶穗花	*Veronica linariifolia*
772	玄参科	光果婆婆纳	*Veronica rockii*
773	玄参科	北水苦荬	*Veronica anagallis-aquatica*
774	玄参科	高山婆婆纳	*Veronica galactites*
775	玄参科	有柄水苦荬	*Veronica beccabunga*
776	玄参科	轮叶婆婆纳	*Veronica spuria*
777	玄参科	地黄	*Rehmannia glutinosa*
778	玄参科	返顾马先蒿	*Pedicularis resupinata*
779	玄参科	穗花马先蒿	*Pedicularis spicata*
780	玄参科	中国马先蒿	*Pedicularis chinensis*
781	玄参科	短茎马先蒿	*Pedicularis artselaeri*
782	玄参科	红纹马先蒿	*Pedicularis striata*
783	玄参科	轮叶马先蒿	*Pedicularis verticillata*
784	玄参科	华北马先蒿	*Pediculairs tatarinowii*
785	玄参科	万叶马先蒿	*Pedicularis myriophylla*
786	玄参科	刺齿马先蒿	*Pedicularis armata*
787	玄参科	变色马先蒿	*Pedicularis variegata*
788	玄参科	脐草	*Omphalothrix longipes*
789	玄参科	沟酸浆	*Mimulus tenellus*
790	玄参科	山萝花	*Melampyrum roseum*
791	玄参科	水蔓青	*Pseudolysimachion linariifolium*
792	玄参科	北玄参	*Scrophularia buergeriana*
793	紫葳科	角蒿	*Incarvillea sinensis*
794	紫葳科	楸	*Catalpa bungei*
795	列当科	列当	*Orobanche coerulescens*
796	列当科	黄花列当	*Orobanche pycnostachya*
797	列当科	草苁蓉	*Boschniakia rossica*
798	苦苣苔科	猫耳草	*Lyci-anthes biflora*
799	苦苣苔科	珊瑚苣苔	*Corallodiscus cordatulus*
800	狸藻科	狸藻	*Utricularia vulgaris*
801	忍冬科	六道木	*Abelia biflora*
802	忍冬科	无梗接骨木	*Sambucus sieboldiana*
803	忍冬科	接骨木	*Sambucus williamsii*

（续）

序号	科名	种名	学名
804	忍冬科	金花忍冬	*Lonicera chrysantha*
805	忍冬科	金银木	*Lonicera maackii*
806	忍冬科	五台忍冬	*Lonicera kungeana*
807	忍冬科	刚毛忍冬	*Lonicera hispida*
808	忍冬科	蓝果忍冬	*Lonicera caerulea*
809	忍冬科	华北忍冬	*Lonicera tatarinowii*
810	忍冬科	袋花忍冬	*Lonicera saccata*
811	忍冬科	北京忍冬	*Lonicera elisae*
812	忍冬科	小叶忍冬	*Lonicera microphylla*
813	忍冬科	天目琼花	*Viburnum sargentii*
814	忍冬科	蒙古荚蒾	*Viburnum mongolicum*
815	忍冬科	香荚蒾	*Viburnum farreri*
816	忍冬科	暖木条荚蒾	*Viburnum burejaeticum*
817	忍冬科	光荚蒾	*Viburnum calvum*
818	忍冬科	丁香叶忍冬	*Lonicera oblata*
819	忍冬科	莛子藨	*Triosteum pinnatifidum*
820	葫芦科	赤瓟	*Thladiantha dubia*
821	葫芦科	栝楼	*Trichosanthes kirilowii*
822	桔梗科	党参	*Codonpsis pilosula*
823	桔梗科	羊乳	*Codonpsis lanceolata*
824	桔梗科	沙参	*Adenophora stenanthina*
825	桔梗科	展枝沙参	*Adenophora divaricata*
826	桔梗科	轮叶沙参	*Adenophora tetraphylla*
827	桔梗科	荠苨	*Adenophora trachelioides*
828	桔梗科	石沙参	*Adenophora polyantha*
829	桔梗科	柳叶沙参	*Adenophora coronopifolia*
830	桔梗科	紫沙参	*Adenophora paniculata*
831	桔梗科	长白沙参	*Adenophora pereskiifolia*
832	桔梗科	丘沙参	*Adenophora crispata*
833	桔梗科	秦岭沙参	*Adenophora petiolata*
834	桔梗科	多岐沙参	*Adenophora wawreana*
835	桔梗科	桔梗	*Platycodon grandiflorus*
836	桔梗科	北方沙参	*Adenophora borealis*
837	桔梗科	狭叶沙参	*Adenophora gmelinii*
838	菊科	紫菀	*Aster tataricus*
839	菊科	狭苞紫菀	*Aster farreri*
840	菊科	高山紫菀	*Aster alpinus*
841	菊科	三褶脉紫菀	*Aster ageratoides*
842	菊科	砂狗娃花	*Aster meyendorffi*
843	菊科	萎软紫菀	*Aster flaccidus*
844	菊科	东风菜	*Doellingeria scaber*

（续）

序号	科名	种名	学名
845	菊科	短冠东风菜	*Doellingeria marchandii*
846	菊科	山马兰	*Kalimeris lautureana*
847	菊科	全叶马兰	*Kalimeris integrifolia*
848	菊科	阿尔泰狗娃花	*Heteropappus altaicus*
849	菊科	短星菊	*Brachyactis ciliata*
850	菊科	紫花野菊	*Dendranthema zawadskii*
851	菊科	小红菊	*Dendranthema chanetii*
852	菊科	甘野菊	*Dendranthema boreale*
853	菊科	小亭菊	*Dendranthema oreastrum*
854	菊科	野菊	*Dendranthema indicum*
855	菊科	翠菊	*Callistephus chinensis*
856	菊科	长茎飞蓬	*Erigeron elongatus*
857	菊科	飞蓬	*Erigeron acer*
858	菊科	大花旋覆花	*Inula britannica*
859	菊科	旋覆花	*Inula japonica*
860	菊科	兴安一枝黄花	*Solidago virgaurea*
861	菊科	长叶火绒草	*Leontopodium longifolium*
862	菊科	火绒草	*Leontopodium leontopodioides*
863	菊科	高山火绒草	*Leontopodium alpinum*
864	菊科	绢茸火绒草	*Leontopodium smithianum*
865	菊科	香青	*Anaphalis sinica*
866	菊科	苍耳	*Xanthium sibiricum*
867	菊科	狼把草	*Bidens tripartita*
868	菊科	小花鬼针草	*Bidens parviflora*
869	菊科	婆婆针	*Bidens bipinnata*
870	菊科	千叶蓍	*Achillea millefolium*
871	菊科	线叶菊	*Filifolium sibiricum*
872	菊科	琥珀千里光	*Senecio ambraceus*
873	菊科	林荫千里光	*Senecio nemorensis*
874	菊科	麻叶千里光	*Senecio cannabifolius*
875	菊科	橙舌千里光	*Senecio aurantiacus*
876	菊科	狗舌草	*Senecio kirilowii*
877	菊科	红轮千里光	*Senecio flammeus*
878	菊科	额河千里光	*Senecio argunensis*
879	菊科	北千里光	*Senecio dubitabilis*
880	菊科	欧洲千里光	*Senecio vulgaris*
881	菊科	狭苞橐吾	*Ligularia intermedia*
882	菊科	全缘橐吾	*Ligularia mongolica*
883	菊科	黄毛橐吾	*Ligularia xanthotricha*
884	菊科	西伯利亚橐吾	*Ligularia sibirica*
885	菊科	砂蓝刺头	*Echinops gmelini*

（续）

序号	科名	种名	学名
886	菊科	蓝刺头	*Echinops sphaerocephalus*
887	菊科	东北蓝刺头	*Echinops dissectus*
888	菊科	苍术	*Atractylodes lancea*
889	菊科	朝鲜苍术	*Atractylodes coreana*
890	菊科	关苍术	*Atractylodes japonica*
891	菊科	飞廉	*Carduus nutans*
892	菊科	牛蒡	*Arctium lappa*
893	菊科	刺儿菜	*Cephalonoplos segetum*
894	菊科	大刺儿菜	*Cephalonoplos setosum*
895	菊科	鳍蓟	*Olgaea leucophylla*
896	菊科	猬菊	*Takeikadzuchia lomonossowii*
897	菊科	山尖子	*Parasenecio hastatus*
898	菊科	兔儿伞	*Syneilesis aconitifolia*
899	菊科	款冬	*Tussilago farfara*
900	菊科	魁蓟	*Cirsium leo*
901	菊科	绒背蓟	*Cirsium vlassovianum*
902	菊科	多头麻花头	*Serrautla polycephala*
903	菊科	麻花头	*Serrautla centauroides*
904	菊科	伪泥胡菜	*Serratula coronata*
905	菊科	祁州漏芦	*Rhaponticum uniflorum*
906	菊科	蚂蚱腿子	*Myripnois dioica*
907	菊科	大丁草	*Leibnitzia anandria*
908	菊科	稀莶	*Siegesbeckia orientalis*
909	菊科	毛连菜	*Picris hieracioides*
910	菊科	苦苣菜	*Sonchus oleraceus*
911	菊科	苣荬菜	*Sonchus arvensis*
912	菊科	沼生苦苣菜	*Sonchus palustris*
913	菊科	蒙山莴苣	*Lactuca tatarica*
914	菊科	山莴苣	*Lactuca indica*
915	菊科	大花莴苣	*Cicerbita grandiflora*
916	菊科	苦菜	*Ixeris versicolor*
917	菊科	翼柄山莴苣	*Lactuca triangulata*
918	菊科	还羊参	*Crepic crocea*
919	菊科	细叶黄鹌菜	*Youngia tenuifolia*
920	菊科	黄鹌菜	*Youngia japonica*
921	菊科	秋苦荬菜	*Ixeris denticulata*
922	菊科	抱茎苦荬菜	*Ixeris sonchifolia*
923	菊科	中华苦荬菜	*Ixeris chinensis*
924	菊科	剪刀股	*Ixeris debilis*
925	菊科	苦荬菜	*Ixeris polycephala*
926	菊科	山柳菊	*Hieracium umbellatum*

（续）

序号	科名	种名	学名
927	菊科	盘果菊	*Prenanthes tatarinowii*
928	菊科	大叶盘果菊	*Prenanthes macrophylla*
929	菊科	腺梗菜	*Adenocaulon himalaicum*
930	菊科	山蒲公英	*Taraxacum platypecidum*
931	菊科	蒲公英	*Taraxacum mongolicum*
932	菊科	红梗蒲公英	*Taraxacum erythropodium*
933	菊科	异苞蒲公英	*Taraxacum heterolepis*
934	菊科	白花蒲公英	*Taraxacum leucanthum*
935	菊科	亚洲蒲公英	*Taraxacum asiaticum*
936	菊科	华蒲公英	*Taraxacum borealisinense*
937	菊科	华北鸦葱	*Scorzonera albicaulis*
938	菊科	桃叶鸦葱	*Scorzonera sinensis*
939	菊科	拐轴鸦葱	*Scorzonera divaricata*
940	菊科	小鸦葱	*Scorzonera subacaulis*
941	菊科	紫苞风毛菊	*Saussurea purpurascens*
942	菊科	银背风毛菊	*Saussurea nivea*
943	菊科	北风毛菊	*Saussurea discolor*
944	菊科	蒙古风毛菊	*Saussurea mongolica*
945	菊科	乌苏里风毛菊	*Saussurea ussuriensis*
946	菊科	驴耳风毛菊	*Saussurea glomerata*
947	菊科	日本风毛菊	*Saussurea japonica*
948	菊科	篦苞风毛菊	*Saussurea pectinata*
949	菊科	齿叶风毛菊	*Saussurea neoserrata*
950	菊科	燕尾风毛菊	*Saussurea serrata*
951	菊科	小五台风毛菊	*Saussurea hsiowutaishanensis*
952	菊科	大头风毛菊	*Saussurea calobotrys*
953	菊科	细齿风毛菊	*Saussurea denticulata*
954	菊科	膜片风毛菊	*Saussurea paleata*
955	菊科	球花风毛菊	*Saussurea globosa*
956	菊科	昂头风毛菊	*Saussurea sobarocephala*
957	菊科	柳叶菜风毛菊	*Saussurea epilobioides*
958	菊科	杨叶风毛菊	*Saussurea populifolia*
959	菊科	东北风毛菊	*Saussurea manshurica*
960	菊科	多头风毛菊	*Saussurea polycephala*
961	菊科	草地风毛菊	*Saussurea amara*
962	菊科	烟管头草	*Carpesium cernuum*
963	菊科	冷蒿	*Artemisia frigida*
964	菊科	猪毛蒿	*Artemisia scoparia*
965	菊科	变蒿	*Artemisia commutata*
966	菊科	山蒿	*Artemisia brachyloba*
967	菊科	南牡蒿	*Artemisia eriopoda*

（续）

序号	科名	种名	学名
968	菊科	毛莲蒿	*Artemisia vestita*
969	菊科	白莲蒿	*Artemisia sacrorum*
970	菊科	小银蒿	*Artemisia austriaca*
971	菊科	细裂叶蒿	*Artemisia tanacetifolia*
972	菊科	艾蒿	*Artemisia argyi*
973	菊科	野艾蒿	*Artemisia lavandulaefolia*
974	菊科	柳叶蒿	*Artemisia integrifolia*
975	菊科	红足蒿	*Artemisia rubripes*
976	菊科	蒙古蒿	*Artemisia mongolica*
977	菊科	牛尾蒿	*Artemisia dubia*
978	菊科	华北米蒿	*Artemisia giraldii*
979	菊科	黄花蒿	*Artemisia annua*
980	菊科	大籽蒿	*Artemisia sieversiana*
981	菊科	宽叶蒿	*Artemisia latifolia*
982	菊科	日本蒿	*Artemisia japonica*
983	菊科	歧茎蒿	*Artemisia igniaria*
984	菊科	沙蒿	*Artemisia desertorum*
985	菊科	青蒿	*Artemisia carvifolia*
986	菊科	阴地蒿	*Artemisia sylvatica*
987	菊科	尖栉齿叶蒿	*Artemisia medioxima*
988	菊科	狭叶青蒿	*Artemisia aracunculus*
989	菊科	臭灵丹	*Laggera alata*
990	菊科	蝶须	*Antennaria dioica*
991	菊科	纹苞菊	*Russowia sogdiana*
992	菊科	白头婆	*Eupatorium japonicum*
993	菊科	北风毛菊	*Saussurea discolor*
994	菊科	湿地风毛菊	*Saussurea umbrosa*
995	菊科	北山莴苣	*Lactuca sibirica*
996	菊科	短瓣蓍	*Achillea ptarmicoides*
997	菊科	甘菊	*Deudranthema lavandulifolium*
998	菊科	烟管蓟	*Cirsium pendulum*
999	菊科	泽兰	*Lycopus maackianus*
1000	菊科	大蓟	*Cirsium japonicum*
1001	菊科	腺梗豨莶	*Siegesbeckia pubescens*
1002	菊科	虱子草	*Tragus berteronianus*
1003	菊科	大苞黄精	*Polygonatum megaphyllum*
1004	菊科	锐裂风毛菊	*Saussurea incisa*
1005	菊科	林生风毛菊	*Saussurea sylvatica*
1006	菊科	异色菊	*Dendranthema dichrum*
1007	菊科	长裂太行菊	*Opisthopappus longilobus*
1008	菊科	中华风毛菊	*Saussurea chinensis*

（续）

序号	科名	种名	学名
1009	香蒲科	狭叶香蒲	*Typha angustata*
1010	香蒲科	黑三棱	*Sparganium stoloniferum*
1011	香蒲科	宽叶香蒲	*Typha latifolia Krauss*
1012	香蒲科	小黑三棱	*Sparganium simplex*
1013	眼子菜科	篦齿眼子菜	*Potamogeton pectinatus*
1014	眼子菜科	小眼子菜	*Potamogeton pusillus*
1015	眼子菜科	菹草	*Potamogeton crispus*
1016	眼子菜科	浮叶眼子菜	*Potamogeton natans*
1017	眼子菜科	鸡冠眼子菜	*Potamogeton cristatus*
1018	禾本科	糙隐子草	*Cleictogenes squarrosa*
1019	禾本科	中华隐子草	*Cleictogenes chinensis*
1020	禾本科	丛生隐子草	*Cleictogenes caespitosa*
1021	禾本科	长花隐子草	*Cleictogenes longilfora*
1022	禾本科	宽叶隐子草	*Cleictogenes hackeli*
1023	禾本科	隐子草	*Cleictogenes serotina*
1024	禾本科	羊草	*Leymus chinensis*
1025	禾本科	赖草	*Leymus secalinus*
1026	禾本科	小糠草	*Agrostis alba*
1027	禾本科	华北剪股颖	*Agrostis clavata*
1028	禾本科	匍茎剪股颖	*Agrostis stolonifera*
1029	禾本科	拂子茅	*Calamagrostis epigejos*
1030	禾本科	假苇拂子茅	*Calamagrostis pseudophragmites*
1031	禾本科	野青茅	*Deyeuxia arundinacea*
1032	禾本科	大叶章	*Deyeuxia langsdorffii*
1033	禾本科	房县野青茅	*Deyeuxia henryi*
1034	禾本科	披碱草	*Elymus dahuricus*
1035	禾本科	老芒麦	*Clinelymus sibiricus*
1036	禾本科	垂穗披碱草	*Clinelymus nutans*
1037	禾本科	肥披碱草	*Clinelymus excelsus*
1038	禾本科	细叶臭草	*Melica radula*
1039	禾本科	大臭草	*Melica turczaninoviana*
1040	禾本科	抱草	*Melica virgata*
1041	禾本科	臭草	*Melica scabrosa*
1042	禾本科	芦苇	*Phragmites australis*
1043	禾本科	画眉草	*Eragrostis pilosa*
1044	禾本科	小画眉草	*Eragrostis minor*
1045	禾本科	早熟禾	*Poa annua*
1046	禾本科	硬质早熟禾	*Poa sphondylodes*
1047	禾本科	华灰早熟禾	*Poa sinoglauca*
1048	禾本科	草地早熟禾	*Poa pratensis*
1049	禾本科	毛轴早熟禾	*Poa pilipes*

（续）

序号	科名	种名	学名
1050	禾本科	西伯利亚早熟禾	*Poa sibirica*
1051	禾本科	白顶早熟禾	*Poa acroleuca*
1052	禾本科	四川早熟禾	*Poa szechuensis*
1053	禾本科	纤毛鹅冠草	*Roegneria ciliaris*
1054	禾本科	直穗鹅冠草	*Roegneria turczaninovii*
1055	禾本科	五龙山鹅冠草	*Roegneria hondai*
1056	禾本科	毛盘鹅冠草	*Roegneria barbicalla*
1057	禾本科	鹅冠草	*Roegneria kamoji*
1058	禾本科	芨芨草	*Achnatherum splendens*
1059	禾本科	羽茅	*Achnatherum sibiricum*
1060	禾本科	远东芨芨草	*Achnatherum extremiorientale*
1061	禾本科	朝阳芨芨草	*Achnatherum nakaii*
1062	禾本科	京芒草	*Achnatherum pekinense*
1063	禾本科	阿尔泰针茅	*Stipa krylovii*
1064	禾本科	大针茅	*Stipa grandis*
1065	禾本科	长芒草	*Stipa bungeana*
1066	禾本科	冰草	*Agropyron cristatum*
1067	禾本科	沙生冰草	*Agropyron desertorum*
1068	禾本科	西伯利亚三毛草	*Trisetum sibiricum*
1069	禾本科	穗三毛	*Trisetum spicatum*
1070	禾本科	三毛草	*Trisetum bifidum*
1071	禾本科	异燕麦	*Helictotrichon schellianum*
1072	禾本科	无芒雀麦	*Bromus inermis*
1073	禾本科	短穗看麦娘	*Alopecurus brachystachyus*
1074	禾本科	看麦娘	*Alopecurus aequalis*
1075	禾本科	洽草	*Koeleria cristata*
1076	禾本科	光稃香草	*Hierochloe glabra*
1077	禾本科	茅香	*Hierochloe odorata*
1078	禾本科	金狗尾草	*Setaria lutescens*
1079	禾本科	狗尾草	*Setaria viridis*
1080	禾本科	长芒棒头草	*Polypogon monspeliensis*
1081	禾本科	黄背草	*Themeda triandra*
1082	禾本科	白羊草	*Bothriochloa ischaemum*
1083	禾本科	野古草	*Arundinella anomala*
1084	禾本科	草沙蚕	*Tirpogon bromoides*
1085	禾本科	马唐	*Digitaria sanguinalis*
1086	禾本科	止血马唐	*Digitaria ischaemum*
1087	禾本科	荩草	*Arthraxon hispidus*
1088	禾本科	羊茅	*Festuca ovina*
1089	禾本科	紫羊茅	*Festuca rubra*
1090	禾本科	远东羊茅	*Festuca extremiorientalis*

（续）

序号	科名	种名	学名
1091	禾本科	粟草	*Milium effusum*
1092	禾本科	发草	*Deschampsia caespitosa*
1093	禾本科	细柄茅	*Putilagrostis mongolica*
1094	禾本科	短芒大麦草	*Hordeum brevisubulatum*
1095	禾本科	虎尾草	*Chloris virgata*
1096	禾本科	大油芒	*Spodiopogon sibiricus*
1097	禾本科	白草	*Pennisetum flaccidum*
1098	禾本科	狼尾草	*Pennisetum alopecuroides*
1099	禾本科	冠芒草	*Enneapogon boreale*
1100	禾本科	银穗草	*Leucopoa albida*
1101	禾本科	野燕麦	*Avena fatua*
1102	禾本科	燕麦	*Avena sativa*
1103	禾本科	茵草	*Beckmannia erucafomis*
1104	禾本科	羽穗草	*Desmostachya bipinnata*
1105	禾本科	稗	*Echinochloa crllsgalli*
1106	禾本科	无芒稗	*Echinochloa crusgallii*
1107	禾本科	大画眉草	*Eragrostis cilianensis*
1108	禾本科	星星草	*Puccinellia tenuiflora*
1109	禾本科	涞源鹅冠草	*Roegneria aliena*
1110	禾本科	牛筋草	*Eleusine indica*
1111	禾本科	棒头草	*Polypogon fugax*
1112	禾本科	细柄草	*Capillipedium parviflorum*
1113	莎草科	嵩草	*Kobresia bellardii*
1114	莎草科	矮生嵩草	*Kobresia humilis*
1115	莎草科	高山嵩草	*Kobresia pygmaea*
1116	莎草科	羽毛荸荠	*Eleocharis wichurai*
1117	莎草科	沼泽荸荠	*Eleocharis palustris*
1118	莎草科	红鳞扁莎	*Pycreus sanguinolentus*
1119	莎草科	披针薹草	*Carex lanceolata*
1120	莎草科	白颖薹草	*Carex rigescens*
1121	莎草科	宽叶薹草	*Carex siderosticta*
1122	莎草科	细杆薹草	*Carex capillaris*
1123	莎草科	尖嘴薹草	*Carex leiorhyncha*
1124	莎草科	翼果薹草	*Carex neurocarpa*
1125	莎草科	粗脉薹草	*Carex rugulosa*
1126	莎草科	日本薹草	*Carex japonica*
1127	莎草科	扁囊薹草	*Carex coriophora*
1128	莎草科	点叶薹草	*Carex hancockiana*
1129	莎草科	圆穗薹草	*Carex angarae*
1130	莎草科	青绿薹草	*Carex brevicalmis*
1131	莎草科	鹤果薹草	*Carex cranaocarpa*

（续）

序号	科名	种名	学名
1132	莎草科	麻根薹草	*Carex arnellii*
1133	莎草科	义齿薹草	*Carex gotoi*
1134	莎草科	长嘴薹草	*Carex longirostra*
1135	莎草科	丝列薹草	*Carex remotiuscula*
1136	莎草科	柄状薹草	*Carex pediformis*
1137	莎草科	唐进薹草	*Carex tangiana*
1138	莎草科	白头山薹草	*Carex peiktusani*
1139	莎草科	异穗薹草	*Carex heterostachya*
1140	莎草科	球花莎草	*Cyperus glomeratus*
1141	莎草科	褐穗莎草	*Cyperus fuscus*
1142	莎草科	密穗莎草	*Cyperus eragrostis*
1143	莎草科	球穗莎草	*Cyperus globosus*
1144	莎草科	水莎草	*Juncellus serotinus*
1145	莎草科	花穗水莎草	*Juncellus pannonicus*
1146	莎草科	褐黄鳞薹草	*Carex vesicata*
1147	莎草科	节秆扁穗草	*Blgsmus sinovom*
1148	浮萍科	浮萍	*Lemna minor*
1149	天南星科	萍蓬草	*Nuphar pumilum*
1150	鸭跖草科	鸭跖草	*Commelina communis*
1151	鸭跖草科	竹叶子	*Streptolirion volubile*
1152	雨久花科	雨久花	*Monochoria korsakowii*
1153	灯心草科	小灯心草	*Juncus bufonius*
1154	灯心草科	细茎灯心草	*Juncus gracillimus*
1155	灯心草科	贴苞灯心草	*Juncus triglumis*
1156	灯心草科	喜马灯心草	*Juncus himalensis*
1157	灯心草科	华北地杨梅	*Luzula oligantha*
1158	灯心草科	小花地杨梅	*Luzula parviflora*
1159	灯心草科	云间地杨梅	*Luzula wahlenbergii*
1160	灯心草科	地杨梅	*Luzula campestris*
1161	灯心草科	东北南星	*Arisaema amurense*
1162	灯心草科	菖蒲	*Acorus calamus*
1163	灯心草科	半夏	*Pinellia ternata*
1164	百合科	兴安天门冬	*Asparagus dauricus*
1165	百合科	龙须菜	*Asparagus schoberioides*
1166	百合科	曲枝天门冬	*Asparagus trichophyllus*
1167	百合科	南玉带	*Asparagus oligoclons*
1168	百合科	攀援天门冬	*Asparagus brachyphyllus*
1169	百合科	天门冬	*Asparagus cochinchinensis*
1170	百合科	绵枣儿	*Scilla scilloides*
1171	百合科	小黄花菜	*Hemerocallis minor*
1172	百合科	知母	*Anemarrhena asphodeloides*

（续）

序号	科名	种名	学名
1173	百合科	铃兰	*Convallaria majalis*
1174	百合科	舞鹤草	*Maianthemum bifolium*
1175	百合科	玉竹	*Polygonatum odoratum*
1176	百合科	黄精	*Polygonatum sibiricum*
1177	百合科	小玉竹	*Polygonatum humile*
1178	百合科	卷叶黄精	*Polygonatum cirrhifolium*
1179	百合科	轮叶黄精	*Polygonatum verticillaum*
1180	百合科	热河黄精	*Polygonatum macropodum*
1181	百合科	渥丹	*Lilium concolor*
1182	百合科	山丹	*Lilium pumilum*
1183	百合科	卷丹	*Lilium lancifolium*
1184	百合科	藜芦	*Veratrum nigrum*
1185	百合科	天蓝韭	*Allium cyaneum*
1186	百合科	长柱韭	*Allium longistylum*
1187	百合科	朝鲜韭	*Allium sacculiferum*
1188	百合科	黄花葱	*Allium condensatum*
1189	百合科	长梗韭	*Allium neriniflorum*
1190	百合科	野韭	*Allium ramosum*
1191	百合科	山韭	*Allium senescens*
1192	百合科	茖葱	*Allium victorialis*
1193	百合科	细叶韭	*Allium tenuissimum*
1194	百合科	砂韭	*Allium bidentatum*
1195	百合科	兰果七筋姑	*Clintonia udensis*
1196	百合科	鹿药	*Smilacina japonica*
1197	百合科	洼瓣花	*Lloydia serotina*
1198	百合科	黄花油点草	*Tricyrtis maculata*
1199	百合科	油点草	*Tricyrtis macropoda*
1200	百合科	白花葱	*Allium yanchiense*
1201	百合科	野百合	*Lilium brownii*
1202	百合科	大花卷丹	*Lilium leichtlinii*
1203	百合科	轮叶贝母	*Fritillaria maximowiczii*
1204	百合科	毛百合	*Lilium dauricum*
1205	石蒜科	冀韭	*Allium chiwui*
1206	薯蓣科	穿龙薯蓣	*Dioscorea nipponica*
1207	鸢尾科	野鸢尾	*Iris dichotoma*
1208	鸢尾科	细叶鸢尾	*Iris tenuifolia*
1209	鸢尾科	紫苞鸢尾	*Iris ruthenica*
1210	鸢尾科	囊花鸢尾	*Iris ventricosa*
1211	鸢尾科	粗根鸢尾	*Iris tigridia*
1212	鸢尾科	马蔺	*Iris lactea*
1213	鸢尾科	射干	*Belamcanda chinensis*

（续）

序号	科名	种名	学名
1214	兰科	大花杓兰	*Cypripedium macranthum*
1215	兰科	紫点杓兰	*Cypripedium guttatum*
1216	兰科	绿花杓兰	*Cypripedium henryi*
1217	兰科	手参	*Gymnadenia conopsea*
1218	兰科	二叶舌唇兰	*Platanthera chlorantha*
1219	兰科	尖唇鸟巢兰	*Neottia acuminata*
1220	兰科	二叶兜被兰	*Neottianthe cucullata*
1221	兰科	火烧兰	*Epipactis helleborine*
1222	兰科	华北对叶兰	*Listera puberula*
1223	兰科	角盘兰	*Herminium monorchis*
1224	兰科	沼兰	*Malaxis monophyllos*
1225	兰科	凹舌兰	*Coeloglossum viride*
1226	兰科	珊瑚兰	*Corallorhiza trifida*
1227	兰科	绶草	*Spiranthes sinensis*
1228	兰科	小斑叶兰	*Goodyera repens*
1229	兰科	无距兰	*Aceratorchis tschiliensis*
1230	兰科	猪耳菜	*Cacalia hastata*
1231	兰科	羊耳蒜	*Liparis japonica*
1232	兰科	北方红门兰	*Orchis roborowskii*
1233	兰科	北火烧兰	*Epipactis xanthophaea*
1234	兰科	杓兰	*Cypripedium calceolus*
1235	兰科	北方鸟巢兰	*Neottia camtschatea*
1236	兰科	裂瓣角盘兰	*Herminium alaschanicum*
1237	兰科	蜻蜓兰	*Tulotis fuscescens*
1238	兰科	十字兰	*Habenaria schindleri*
1239	兰科	天麻	*Gastrodia elata*
1240	兰科	小花蜻蜓兰	*Tulotis ussuriensis*
1241	茜草科	中国茜草	*Rubia chinensis*
1242	茜草科	茜草	*Rubia cordifolia*
1243	茜草科	大叶茜草	*Rubia schumanniana*
1244	茜草科	蓬子菜	*Galium verum*
1245	茜草科	北方拉拉藤	*Galium boreale*
1246	茜草科	猪殃殃	*Galium aparine*
1247	茜草科	大叶猪殃殃	*Galium davuricum*
1248	茜草科	线叶	*Galium linearifolium*
1249	茜草科	四叶律	*Galium bungei*
1250	茜草科	薄皮木	*Leptodermis oblonga*
1251	茜草科	林生茜草	*Rubia sylvatica*
1252	萝摩科	杠柳	*Periploca sepium*
1253	萝摩科	白首乌	*Cynanchum bungei*
1254	萝摩科	徐长卿	*Cynanchum paniculatum*

（续）

序号	科名	种名	学名
1255	萝藦科	鹅绒藤	*Cynanchum chinense*
1256	萝藦科	地梢瓜	*Cynanchum thesioides*
1257	萝藦科	老瓜头	*Cynanchum komarovii*
1258	萝藦科	华北白前	*Cynanchum mongolicum*
1259	萝藦科	竹灵消	*Cynanchum inamoenum*
1260	萝藦科	变色白前	*Cynanchum versicolor*
1261	萝藦科	牛皮消	*Cynanchum auriculatum*
1262	萝藦科	白薇	*Cynanchum atratum*
1263	金粟兰科	银线草	*Chloranthus japonicus*
1264	木樨科	大叶白蜡树	*Fraxinus rhynchophylla*
1265	木樨科	小叶白蜡树	*Fraxinus bungeana*
1266	木樨科	红丁香	*Syringa villosa*
1267	木樨科	巧玲花	*Syringa pubescens*
1268	木樨科	北京丁香	*Syringa pekinensis*
1269	木樨科	暴马丁香	*Syringa reticulata*
1270	木樨科	小叶丁香	*Syringa microphylla*
1271	木樨科	流苏树	*Chionanthus retusus*
1272	木樨科	连翘	*Forsythia suspensa*
1273	睡莲科	睡莲	*Nymphaea tetragona*
1274	天门冬科	五叶黄精	*Polygonatum acuminatifolium*
1275	山毛榉科	槲栎	*Quercus aliena*
1276	山毛榉科	辽东栎	*Quercus liaotungensis*
1277	山毛榉科	蒙古栎	*Quercus mongolica*
1278	山毛榉科	槲牛栎	*Quercus dentata*
1279	山毛榉科	栓皮栎	*Quercus variabilis*
1280	睡菜科	荇菜	*Nymphoides peltatum*
1281	千屈菜科	千屈菜	*Lythrum salicaria*

参考文献

河北植物志委员会 . 河北植物志 [M]. 石家庄：河北科学技术出版社，1986.

赵建成，王振杰，李琳 . 河北高等植物名录 [M]. 北京：科学出版社，2005.

赵建成 . 河北驼梁自然保护区科学考察与生物多样性研究 [M]. 北京：科学出版社，2008.

赵建成 . 小五台山植物志 [M]. 北京：科学出版社，2011.

表6 河北太行山区动物名录

序号	科名	种名	学名
1	盘舌蟾科	东方铃蟾	*Bombina orientalis*
2	蟾蜍科	中华蟾蜍	*Bufo gargarizans*
3	蟾蜍科	花背蟾蜍	*Bufo raddei*
4	雨蛙科	东北雨蛙	*Hyla japonica*
5	蛙科	泽蛙	*Rana limnocharis*
6	蛙科	金线蛙	*Rana plancyi*
7	蛙科	黑斑蛙	*Rana nigromaculata*
8	蛙科	中国林蛙	*Rana chensinensis*
9	蛙科	日本林蛙	*Rana japonica*
10	姬蛙科	北方狭口蛙	*Kaloula borealis*
11	鳖科	中华鳖	*Trionyx sinensis*
12	龟科	乌龟	*Chiinmeys reevesii*
13	壁虎科	无蹼壁虎	*Gekko swinhonis*
14	鬣蜥科	草原沙蜥	*Phrynocephalus frontalis*
15	石龙子科	蓝尾石龙子	*Eumeces elegans*
16	石龙子科	黄纹石龙子	*Eumeces capito*
17	石龙子科	中国石龙子	*Eumeces chinensis*
18	石龙子科	宁波滑蜥	*Scincella modesta*
19	蜥蜴科	丽斑麻蜥	*Eremias argus*
20	蜥蜴科	山地麻蜥	*Eremias brenchleyi*
21	游蛇科	黄脊游蛇	*Coluber spinalis*
22	游蛇科	赤链蛇	*Dinodon rufozonatum*
23	游蛇科	双斑锦蛇	*Elaphe bimaculata*
24	游蛇科	白条锦蛇	*Elaphe dione*
25	游蛇科	红点锦蛇	*Elaphe rufodorsata*
26	游蛇科	团花锦蛇	*Elaphe davidi*
27	游蛇科	玉斑锦蛇	*Elaphe mandarina*
28	游蛇科	王锦蛇	*Elaphe carinata*
29	游蛇科	赤峰锦蛇	*Elaphe anomala*
30	游蛇科	黑眉锦蛇	*Elaphe taeniura*
31	游蛇科	虎斑颈槽蛇	*Rhabdophis tigrinus*
32	游蛇科	乌梢蛇	*Zaocys dhumnades*
33	蝰科	短尾蝮	*Gloydius brevicaudus*
34	蝰科	中介蝮	*Gloydius intermedius*
35	猬科	东北刺猬	*Erinaceus amurensis*
36	猬科	达乌尔猬	*Hemiechinus dauricus*
37	鼩鼱科	川西缺齿鼩鼱	*Chodsigoa hypsibius*
38	鼩鼱科	小麝鼩	*Crocidura suaveolens*
39	鼩鼱科	喜马拉雅水麝鼩	*Chimarrogale himalayica*
40	鼹科	麝鼹	*Scaptochirus moschatus*

（续）

序号	科名	种名	学名
41	菊头蝠科	马铁菊头蝠	*Rhinolophus ferrumequinum*
42	菊头蝠科	角菊头蝠	*Rhinolophus cornutus*
43	犬吻蝠科	宽耳犬吻蝠	*Tadarida teniotis*
44	蝙蝠科	尖耳鼠耳蝠	*Myotis blythii*
45	蝙蝠科	大卫鼠耳蝠	*Myotis davidii*
46	蝙蝠科	毛腿鼠耳蝠	*Myotis fimbriatus*
47	蝙蝠科	须鼠耳蝠	*Myotis mystacinus*
48	蝙蝠科	云南鼠耳蝠	*Myotis montivagus*
49	蝙蝠科	北京鼠耳蝠	*Myotis pequinius*
50	蝙蝠科	山蝠	*Nyctalus noctula*
51	蝙蝠科	东亚伏翼	*Pipistrellus abramus*
52	蝙蝠科	萨氏伏翼	*Pipistrellus savii*
53	蝙蝠科	普通蝙蝠	*Vespertilio murinus*
54	蝙蝠科	蝙蝠	*Vesperilio superans*
55	蝙蝠科	大棕蝠	*Eptesicus serotinus*
56	蝙蝠科	普通长耳蝠	*Plecotus auritus*
57	蝙蝠科	普通长翼蝠	*Miniopterus fuliginosus*
58	蝙蝠科	白腹管鼻蝠	*Murina leucogaster*
59	猴科	猕猴	*Macaca mulatta*
60	鼠兔科	达乌尔鼠兔	*Ochotona daurica*
61	兔科	草兔	*Lepus capensis*
62	松鼠科	复齿鼯鼠	*Trogopterus xanthipes*
63	松鼠科	沟牙鼯鼠	*Aeretes melanopterus*
64	松鼠科	飞鼠	*Pteromys volan*
65	松鼠科	松鼠	*Sciuridae*
66	松鼠科	隐纹花鼠	*Tamiops swinhoei*
67	松鼠科	岩松鼠	*Sciurotamias davidianus*
68	松鼠科	花鼠	*Tamias sibiricus*
69	松鼠科	达乌尔黄鼠	*Spermophilus dauricus*
70	鼠科	巢鼠	*Micromys minutus*
71	鼠科	大林姬鼠	*Apodemus peninsulae*
72	鼠科	黑线姬鼠	*Apodemus agrarius*
73	鼠科	褐家鼠	*Rattus norvegicus*
74	鼠科	社鼠	*Niviventer niviventer*
75	鼠科	小家鼠	*Mus musculus*
76	仓鼠科	黑线仓鼠	*Cricetulus barabensis*
77	仓鼠科	长尾仓鼠	*Cricetulus longicaudatus*
78	仓鼠科	短尾仓鼠	*Cricetulus eversmanni*
79	仓鼠科	小毛足鼠	*Phodopus roborovskii*
80	仓鼠科	黑线毛足鼠	*Phodopus sungorus*
81	仓鼠科	草原鼢鼠	*Myospalax aspalax*

（续）

序号	科名	种名	学名
82	仓鼠科	东北鼢鼠	*Myospalax psilurus*
83	仓鼠科	中华鼢鼠	*Myospalax fontanieri*
84	仓鼠科	棕背鼠平	*Myodes rufocanus*
85	仓鼠科	麝鼠	*Ondatra zibethicus*
86	仓鼠科	莫氏田鼠	*Microtus maximowiczii*
87	仓鼠科	布氏田鼠	*Microtus brandti*
88	仓鼠科	棕色田鼠	*Microtus mandarinus*
89	仓鼠科	狭颅田鼠	*Microtus gregalis*
90	仓鼠科	子午沙鼠	*Meriones meridianus*
91	仓鼠科	长爪沙鼠	*Meriones unguiculatus*
92	跳鼠科	五趾跳鼠	*Allactaga sibirica*
93	鼠海豚科	江豚	*Neophocaena phocaenoides*
94	犬科	狼	*Canis lupus*
95	犬科	赤狐	*Vulpes vulpes*
96	犬科	貉	*Nyctereutes procyonoides*
97	熊科	黑熊	*Ursus thibetanus*
98	鼬科	石貂	*Martes foina*
99	鼬科	青鼬	*Martes flavigula*
100	鼬科	白鼬	*Mustela erminea*
101	鼬科	伶鼬	*Mustela nivalis*
102	鼬科	香鼬	*Mustela altaica*
103	鼬科	黄鼬	*Mustela sibirica*
104	鼬科	艾鼬	*Mustela eversmanii*
105	鼬科	狗獾	*Meles meles*
106	鼬科	猪獾	*Arctonyx collaris*
107	灵猫科	果子狸	*Paguma larvata*
108	猫科	兔狲	*Otocolobus manul*
109	猫科	豹猫	*Prionailurus bengalensis*
110	猫科	猞猁	*Lynx lynx*
111	猫科	豹	*Panthera pardus*
112	猫科	虎	*Panthera tigris*
113	猪科	野猪	*Sus scrofa*
114	鹿科	原麝	*Moschus moschiferus*
115	鹿科	梅花鹿	*Cervus nippon*
116	鹿科	马鹿	*Cervus canadensis*
117	鹿科	狍	*Capreolus capreolus*
118	牛科	黄羊	*Procapra gutturosa*
119	牛科	斑羚	*Naemorhedus goral*
120	木蠹蛾科	柳干蠹蛾	*Holcocerus vicarius*
121	谷蛾科	褐斑谷蛾	*Homalopsycha agglutinata*
122	谷蛾科	鸟谷蛾	*Monopis monachella*

（续）

序号	科名	种名	学名
123	谷蛾科	四点谷蛾	*Tinea tugurialis*
124	谷蛾科	幕谷蛾	*Tineola bisselliella*
125	鞘蛾科	落叶松鞘蛾	*Coleophora laricella*
126	雕蛾科	苹果雕蛾	*Anthophila pariana*
127	举肢蛾科	核桃举肢蛾	*Atrijuglans hetaohei*
128	举肢蛾科	银点举肢蛾	*Pancalia latreillella*
129	举肢蛾科	柿举肢蛾	*Stathmopoda massinissa*
130	菜蛾科	菜蛾	*Plutella cylostella*
131	菜蛾科	淡褐钩菜蛾	*Ypsolophus blandellus*
132	菜蛾科	白条钩菜蛾	*Ypsolophus strigosus*
133	尖蛾科	禾尖蛾	*Cosmopterix fulminella*
134	尖蛾科	黑白尖蛾	*Stagmatophora niphosticta*
135	草蛾科	百花山草蛾	*Ethmia angarensis*
136	草蛾科	密云草蛾	*Ethmia cirrhocnemia*
137	草蛾科	五台山草蛾	*Ethmia comitella*
138	卷蛾科	黄斑长翅卷蛾	*Acleris fimbriana*
139	卷蛾科	榆白长翅卷蛾	*Acleris ulmicola*
140	卷蛾科	棉褐带卷蛾	*Adoxophyes orana*
141	卷蛾科	枣镰翅小卷蛾	*Ancylis sativa*
142	卷蛾科	樱黄卷蛾	*Archips crataeganus*
143	卷蛾科	黄卷蛾	*Archips xylosteanus*
144	卷蛾科	莎草尖翅小卷蛾	*Bactra minima*
145	卷蛾科	棉双斜卷蛾	*Clepsis pallidana*
146	卷蛾科	尖瓣灰纹卷蛾	*Cochylidia richteriana*
147	卷蛾科	荔枝异形小卷蛾	*Cryptophlebia ombrodelta*
148	卷蛾科	栗黑小卷蛾	*Cydia glandicolana*
149	卷蛾科	国槐小卷蛾	*Cydia tracias*
150	卷蛾科	松瘿小卷蛾	*Cydia zebeana*
151	卷蛾科	草黑小卷蛾	*Eudothenia carbanana*
152	卷蛾科	白钩小卷蛾	*Epiblema foenella*
153	卷蛾科	松叶小卷蛾	*Epinotia rubiginosana*
154	卷蛾科	褐叶小卷蛾	*Epinotia ustulana*
155	卷蛾科	麻小食心虫	*Grapholita delineana*
156	卷蛾科	李小食心虫	*Grapholita funebrana*
157	卷蛾科	苹果小食心虫	*Grapholitha inopinata*
158	卷蛾科	梨小食心虫	*Grapholitha molesta*
159	卷蛾科	杨柳小卷蛾	*Gypsonoma minutana*
160	卷蛾科	南川卷蛾	*Hoshinoa longicellana*
161	卷蛾科	大豆食心虫	*Loguminivora glycinivorella*
162	卷蛾科	豆小卷叶蛾	*Matsumuraeses phaseoli*
163	卷蛾科	栎新小卷蛾	*Olethreutes captiosana*

（续）

序号	科名	种名	学名
164	卷蛾科	直带小卷蛾	*Orthotaenia undulana*
165	卷蛾科	榛褐卷蛾	*Pandemis corylana*
166	卷蛾科	桃褐卷蛾	*Pandemis dumetana*
167	卷蛾科	苹褐卷叶蛾	*Pandemis heparana*
168	卷蛾科	暗褐卷蛾	*Pandemis phaiorteron*
169	卷蛾科	斑刺小卷蛾	*Pelochrista arabescana*
170	卷蛾科	河北褐纹卷蛾	*Phalonidia permixtana*
171	卷蛾科	银实小卷蛾	*Retinia coeruleostriana*
172	卷蛾科	松实小卷蛾	*Retinia cristata*
173	卷蛾科	松梢小卷蛾	*Rhyacionia pinicolana*
174	卷蛾科	夏梢小卷蛾	*Rhyacionia duplana*
175	卷蛾科	大弯月小卷蛾	*Saliciphaga caesia*
176	卷蛾科	桃白小卷蛾	*Spilonota albicana*
177	卷蛾科	芽白小卷蛾	*Spilonota lechriaspis*
178	卷蛾科	苹白小卷蛾	*Spilonota ocellana*
179	卷蛾科	梨白小卷蛾	*Spilonota pyrusicola*
180	羽蛾科	甘薯羽蛾	*Emmelina monodactylus*
181	螟蛾科	米缟螟	*Aglossa dimidiata*
182	螟蛾科	黑翅织叶野螟	*Algedonia luctualis*
183	螟蛾科	地中海斑螟	*Anagastra kühniella*
184	螟蛾科	八目棘趾野螟	*Anania octomaculata*
185	螟蛾科	稻巢草螟	*Ancylolomia japonica*
186	螟蛾科	二点织螟	*Aphomia zelleride*
187	螟蛾科	黄翅缀叶野螟	*Botyodes diniasalis*
188	螟蛾科	干果斑螟	*Cadra cautella*
189	螟蛾科	二点螟	*Chilo infuscatellus*
190	螟蛾科	二化螟	*Chilo suppressalis*
191	螟蛾科	横线镰翅野螟	*Circobotys heterogenalis*
192	螟蛾科	稻纵卷叶野螟	*Cnaphalocrocis medinalis*
193	螟蛾科	四斑绢野螟	*Diaphania quadrimaculalis*
194	螟蛾科	瓜绢野螟	*Diaphania indica*
195	螟蛾科	黄杨绢野螟	*Diaphania perspectalis*
196	螟蛾科	桑绢野螟	*Diaphania pyloalis*
197	螟蛾科	松梢斑螟	*Dioryctria splendidella*
198	螟蛾科	松果梢斑螟	*Dioryctria mendacella*
199	螟蛾科	纹歧角螟	*Endotricha icelusalis*
200	螟蛾科	夏枯草展须野螟	*Eurrhyparodes hortulata*
201	螟蛾科	茴香薄翅野螟	*Evergestis extimalis*
202	螟蛾科	屈喙野螟	*Goniorhynchus andrewsalis*
203	螟蛾科	白点黑翅野螟	*Heliothela nigralbata*
204	螟蛾科	菜心野螟	*Hellula undalis*

（续）

序号	科名	种名	学名
205	螟蛾科	灰双纹螟	*Herculia glaucinalis*
206	螟蛾科	甜菜白带野螟	*Hymenia recurvalis*
207	螟蛾科	蜂巢螟	*Hypsopygia mauritalis*
208	螟蛾科	豆蚀叶野螟	*Lamprosema indicata*
209	螟蛾科	缀叶丛螟	*Locastra muscosalis*
210	螟蛾科	艾锥额野螟	*Loxostege aeruginalis*
211	螟蛾科	伞锥额野螟	*Loxostege palealis*
212	螟蛾科	网锥额野螟	*Loxostege sticticalis*
213	螟蛾科	尖锥额野螟	*Loxostege verticalis*
214	螟蛾科	扶桑四点野螟	*Lygropia quaternalis*
215	螟蛾科	粟实螟	*Mampava bipunctella*
216	螟蛾科	豆荚野螟	*Maruca testulalis*
217	螟蛾科	黄伸喙野螟	*Mecyna gilvata*
218	螟蛾科	贯众伸喙野螟	*Mecyna gracilis*
219	螟蛾科	菜野螟	*Mesographe forficalis*
220	螟蛾科	菊髓斑螟	*Myelois cribrumella*
221	螟蛾科	三点并脉草螟	*Neopediasia mixtalis*
222	螟蛾科	梨云翅斑螟	*Nephopteryx pirivorella*
223	螟蛾科	红云翅斑螟	*Nephopteryx semirubella*
224	螟蛾科	稻雪禾螟	*Niphadoses gilviberbis*
225	螟蛾科	麦牧野螟	*Nomophila noctuella*
226	螟蛾科	稻筒水螟	*Nymphula fluctuosalis*
227	螟蛾科	棉水螟	*Nymphula interruptalis*
228	螟蛾科	圹水螟	*Nymphula stagnata*
229	螟蛾科	褐萍水螟	*Nymphula turbata*
230	螟蛾科	稻水螟	*Nymphula vittalis*
231	螟蛾科	玉米螟	*Ostrinia nubilalis*
232	螟蛾科	楸蠹野螟	*Omphisa plagialis*
233	螟蛾科	艳双点螟	*Orybina regalis*
234	螟蛾科	一点缀螟	*Paralipsa gularis*
235	螟蛾科	印度谷斑螟	*Plodia interpunctella*
236	螟蛾科	水稻多拟斑螟	*Polyocha gensanalis*
237	螟蛾科	条螟	*Proceras venosatum*
238	螟蛾科	旱柳原野螟	*Proteuclasta stoetzneri*
239	螟蛾科	水稻切叶野螟	*Herpetogramma licarsisalis*
240	螟蛾科	泡桐卷野螟	*Pycnarmon cribrata*
241	螟蛾科	双环卷野螟	*Pycnarmon meritalis*
242	螟蛾科	紫斑谷螟	*Pyralis farinalis*
243	螟蛾科	金黄螟	*Pyralis regalis*
244	螟蛾科	紫苏野螟	*Pyrausta phoenicealis*
245	螟蛾科	大禾螟	*Schoenobius gigantellus*

（续）

序号	科名	种名	学名
246	螟蛾科	荸荠白禾螟	*Scirpophaga praelata*
247	螟蛾科	枇杷卷叶野螟	*Sylepta balteata*
248	螟蛾科	棉卷叶野螟	*Sylepta derogata*
249	螟蛾科	葡萄卷叶野螟	*Sylepta luctuosalis*
250	螟蛾科	四斑卷叶野螟	*Sylepta quadrimaculalis*
251	螟蛾科	三化螟	*Tryporyza incertulas*
252	透翅蛾科	白杨透翅蛾	*Paranthrene tabaniformis*
253	斑蛾科	梨星毛虫	*Illiberis pruni*
254	斑蛾科	杏星毛虫	*Illiberis psychina*
255	斑蛾科	大叶黄杨长毛斑蛾	*Pryeria sinica*
256	刺蛾科	客刺蛾	*Ceratonema retractatum*
257	刺蛾科	黄刺蛾	*Cnidocampa flavescens*
258	刺蛾科	枣奕刺蛾	*Iragoides conjuncta*
259	刺蛾科	梨娜刺蛾	*Narosoideus flavidorsalis*
260	刺蛾科	黄娜刺蛾	*Narosoideus fuscicostalis*
261	刺蛾科	褐边绿刺蛾	*Parasa consocia*
262	刺蛾科	双齿绿刺蛾	*Parasa hilarata*
263	刺蛾科	中国绿刺蛾	*Parasa sinica*
264	刺蛾科	中国扁刺蛾	*Thosea sinensis*
265	凤蛾科	榆凤蛾	*Epicopeia mencia*
266	钩蛾科	网卑钩蛾	*Betalbara acuminata*
267	钩蛾科	浓白钩蛾	*Ditrigona conflexaria*
268	钩蛾科	赤杨镰钩蛾	*Drepana curvatula*
269	钩蛾科	黄带山钩蛾	*Oreta pulchripes*
270	钩蛾科	古钩蛾	*Palaeodrepana harpagula*
271	钩蛾科	三线钩蛾	*Pseudalbara parvula*
272	钩蛾科	荞麦钩翅蛾	*Spica parallelangula*
273	尺蛾科	醋栗尺蛾	*Abraxas grossudariata*
274	尺蛾科	萝藦艳青尺蛾	*Agathia carissima*
275	尺蛾科	网纹霜尺蛾	*Alcis maculata*
276	尺蛾科	桦霜尺蛾	*Alcisr epandata*
277	尺蛾科	梳角枝尺蛾	*Amraica recursaria*
278	尺蛾科	锯翅尺蛾	*Angerona glandinaria*
279	尺蛾科	李尺蠖	*Angerona prunaria*
280	尺蛾科	沙枣尺蠖	*Apocheima cinerarius*
281	尺蛾科	锚尺蛾	*Aplocera poneformata*
282	尺蛾科	黄灰呵尺蛾	*Arichanna huanghui*
283	尺蛾科	大造桥虫	*Ascotis selenaria*
284	尺蛾科	山枝子尺蛾	*Aspilates geholaria*
285	尺蛾科	睡莲白尺蛾	*Asthena nymphaeata*
286	尺蛾科	桦尺蠖	*Biston betularia*

（续）

序号	科名	种名	学名
287	尺蛾科	双云尺蛾	*Biston comitata*
288	尺蛾科	小双齿尺蛾	*Biston tortuosa*
289	尺蛾科	焦边尺蛾	*Bizia aexaria*
290	尺蛾科	褐线尺蛾	*Alcis castigataria*
291	尺蛾科	网尺蛾	*Cabera griseolimbata*
292	尺蛾科	丝棉木金星尺蛾	*Calospilos suspecta*
293	尺蛾科	紫条尺蛾	*Timandra recompta*
294	尺蛾科	网目尺蛾	*Chiasmia clatrata*
295	尺蛾科	仿锈腰青尺蛾	*Chlorissa obliterata*
296	尺蛾科	白点焦尺蛾	*Colotois pennaria*
297	尺蛾科	栎绿尺蛾	*Comibaena delicata*
298	尺蛾科	肾纹绿尺蛾	*Comibaena procumbaria*
299	尺蛾科	双斜线尺蛾	*Conchia mundataria*
300	尺蛾科	赤线尺蛾	*Culpinia diffusa*
301	尺蛾科	木橑尺蛾	*Culcula panterinaria*
302	尺蛾科	小蜻蜓尺蛾	*Cystidia couaggaria*
303	尺蛾科	蜻蜓尺蛾	*Cystidia stratonice*
304	尺蛾科	枞灰尺蛾	*Deileptenia ribeata*
305	尺蛾科	齿纹涤尺蛾	*Dysstroma dentifera*
306	尺蛾科	黑龙江首折线尺蛾	*Ecliptopera capitata*
307	尺蛾科	北京尺蛾	*Epipristis transiens*
308	尺蛾科	树形尺蛾	*Erebomorpha consors*
309	尺蛾科	菊四目尺蛾	*Euchloris albocostaria*
310	尺蛾科	二线绿尺蛾	*Euchloris atyche*
311	尺蛾科	白点二线绿尺蛾	*Euchloris smaragdaria*
312	尺蛾科	散花波尺蛾	*Eupithecia centaureata*
313	尺蛾科	苹花波尺蛾	*Eupithecia insigniata*
314	尺蛾科	黑斑褥尺蛾	*Eustroma aerosa*
315	尺蛾科	亚枯叶尺蛾	*Gandaritis fixseni*
316	尺蛾科	青灰讥尺蛾	*Gelasma grandificaria*
317	尺蛾科	贡尺蛾	*Gonodontis aurata*
318	尺蛾科	角顶尺蛾	*Hemerophila emaria*
319	尺蛾科	白线青尺蛾	*Hemistola veneta*
320	尺蛾科	白脉青尺蛾	*Hipparchus albovenaria*
321	尺蛾科	大白带绿尺蛾	*Hipparchus papilionaria*
322	尺蛾科	直脉青尺蛾	*Hipparchus valida*
323	尺蛾科	青辐射尺蛾	*Iotaphora admirabilis*
324	尺蛾科	葡萄迴纹尺蛾	*Lygris ludovicaria*
325	尺蛾科	女贞尺蛾	*Naxa seriaria*
326	尺蛾科	朴妮尺蛾	*Ninodes splendens*
327	尺蛾科	枯斑翠尺蛾	*Ochrognesia difficta*

（续）

序号	科名	种名	学名
328	尺蛾科	核桃星尺蛾	*Ophthalmitis albosignaria*
329	尺蛾科	四星尺蛾	*Ophthalmodes irrorataria*
330	尺蛾科	泛尺蛾	*Nycterosea obstipata*
331	尺蛾科	雪尾尺蛾	*Ourapteryx nivea*
332	尺蛾科	驼尺蛾	*Pelurga comitata*
333	尺蛾科	柿星尺蛾	*Percnia giraffata*
334	尺蛾科	桑尺蠖	*Phthonandria atrilineata*
335	尺蛾科	颐和岩尺蛾	*Scopula yihe*
336	尺蛾科	槐尺蠖	*Semiothisa cinerearia*
337	尺蛾科	雨尺蛾	*Semiothisa pluviata*
338	尺蛾科	褐脉粉尺蛾	*Siona lineata*
339	尺蛾科	忍冬尺蛾	*Somatina indicataria*
340	尺蛾科	红双线尺蛾	*Syrrhodia obliqua*
341	尺蛾科	波翅青尺蛾	*Thalera chlorosaria*
342	尺蛾科	黑带尺蛾	*Alcis picata*
343	尺蛾科	中国虎尺蛾	*Xanthabraxas hemionata*
344	尺蛾科	双流潢尺蛾	*Xanthorhoe biriviata*
345	尺蛾科	桑褶翅尺蛾	*Zamacra excavata*
346	波纹蛾科	昧泊波纹蛾	*Parapsestis meleagris*
347	波纹蛾科	沤泊波纹蛾	*Bombycia ocularis*
348	波纹蛾科	阔浩波纹蛾	*Habrosyne conscripta*
349	波纹蛾科	白缘洒波纹蛾	*Saronaga albicostata*
350	波纹蛾科	波纹蛾	*Thyatira batis*
351	舟蛾科	杨二尾舟蛾	*Cerura menciana*
352	舟蛾科	黑带二尾舟蛾	*Cerura felina*
353	舟蛾科	杨扇舟蛾	*Clostera anachoreta*
354	舟蛾科	短扇舟蛾	*Clostera albosigma*
355	舟蛾科	漫扇舟蛾	*Clostera pigra*
356	舟蛾科	锯纹林舟蛾	*Drymonia dodonides*
357	舟蛾科	著蕊尾舟蛾	*Dudusa nobilis*
358	舟蛾科	黑芯尾舟蛾	*Dudusa sphingiformis*
359	舟蛾科	黄二星舟蛾	*Euhampsonia cristata*
360	舟蛾科	锯齿星舟蛾	*Euhampsonia serratifera*
361	舟蛾科	银二星舟蛾	*Euhampsonia splendida*
362	舟蛾科	栎纷舟蛾	*Fentonia ocypete*
363	舟蛾科	钩翅舟蛾	*Gangarides dharma*
364	舟蛾科	金纹角翅舟蛾	*Gonoclostera argentata*
365	舟蛾科	角翅舟蛾	*Gonoclostera timoniorum*
366	舟蛾科	怪舟蛾	*Hagapteryx admirabilis*
367	舟蛾科	黑纹扁齿舟蛾	*Hiradonta chi*
368	舟蛾科	杨小舟蛾	*Micromelalopha sieversi*

（续）

序号	科名	种名	学名
369	舟蛾科	朝鲜新林舟蛾	*Neodrymonia coreana*
370	舟蛾科	云舟蛾	*Neopheosia fasciata*
371	舟蛾科	榆白边舟蛾	*Nerice davidi*
372	舟蛾科	大齿白边舟蛾	*Nerice upina*
373	舟蛾科	仿白边舟蛾	*Paranerice hoenei*
374	舟蛾科	栎掌舟蛾	*Phalera assimilis*
375	舟蛾科	高粱掌舟蛾	*Phalera combusta*
376	舟蛾科	苹掌舟蛾	*Phalera flavescens*
377	舟蛾科	榆掌舟蛾	*Phalera takasagoensis*
378	舟蛾科	刺槐掌舟蛾	*Phalera grotei*
379	舟蛾科	栎蚕舟蛾	*Phalerodonta albibasis*
380	舟蛾科	杨剑舟蛾	*Pheosia rimosa*
381	舟蛾科	喜夙舟蛾	*Pheosiopsis cinerea*
382	舟蛾科	灰羽舟蛾	*Pterostoma griseum*
383	舟蛾科	红羽舟蛾	*Pterostoma hoenei*
384	舟蛾科	槐羽舟蛾	*Pterostoma sinicum*
385	舟蛾科	细羽齿舟蛾东亚亚种	*Ptilodon capucina*
386	舟蛾科	锈玫舟蛾	*Rosama ornata*
387	舟蛾科	艳金舟蛾	*Spatalia doerriesi*
388	舟蛾科	富金舟蛾	*Spatalia plusiotis*
389	舟蛾科	龙眼蚁舟蛾	*Stauropus alternus*
390	舟蛾科	苹蚁舟蛾	*Stauropus fagi*
391	舟蛾科	核桃美舟蛾	*Uropyia meticulodina*
392	毒蛾科	白毒蛾	*Arctornis l-nigrum*
393	毒蛾科	丽毒蛾	*Calliteara pudibunda*
394	毒蛾科	肾毒蛾	*Cifuna locuples*
395	毒蛾科	叉带黄毒蛾	*Euproctis angulata*
396	毒蛾科	黄毒蛾	*Euproctis chrysorrhoea*
397	毒蛾科	折带黄毒蛾	*Euproctis flava*
398	毒蛾科	云星黄毒蛾	*Euproctis niphonis*
399	毒蛾科	幻带黄毒蛾	*Euproctis varians*
400	毒蛾科	榆黄足毒蛾	*Ivela ochropoda*
401	毒蛾科	素毒蛾	*Laelia coenosa*
402	毒蛾科	杨雪毒蛾	*Leucoma candida*
403	毒蛾科	雪毒蛾	*Sitilpnotia salicis*
404	毒蛾科	舞毒蛾	*Lymantria dispar*
405	毒蛾科	栎毒蛾	*Lymantria mathura*
406	毒蛾科	古毒蛾	*Orgyia antiqua*
407	毒蛾科	侧柏毒蛾	*Parocneria furva*
408	毒蛾科	盗毒蛾	*Porthesia similis*
409	灯蛾科	红缘灯蛾	*Aloa lactinea*

（续）

序号	科名	种名	学名
410	灯蛾科	豹灯蛾	*Arctia caja*
411	灯蛾科	砌石篱灯蛾	*Arctia flavia*
412	灯蛾科	花布灯蛾	*Camptoloma interiorata*
413	灯蛾科	白雪灯蛾	*Chionarctia nivea*
414	灯蛾科	排点灯蛾	*Diacrisia sannio*
415	灯蛾科	黄臀灯蛾	*Epatolmis caesarea*
416	灯蛾科	雅灯蛾	*Eucharia festiva*
417	灯蛾科	奇特望灯蛾	*Lemyra imparilis*
418	灯蛾科	漆黑望灯蛾	*Lemyra infernalis*
419	灯蛾科	车前灯蛾	*Parasemia plantaginis*
420	灯蛾科	斑灯蛾	*Pericallia matronula*
421	灯蛾科	肖浑黄灯蛾	*Rhyparioides amurensis*
422	灯蛾科	点浑黄灯蛾	*Rhyparioides metelkana*
423	灯蛾科	净污灯蛾	*Spilarctia alba*
424	灯蛾科	污灯蛾	*Spilarctia lutea*
425	灯蛾科	尘污灯蛾	*Spilarctia obliqua*
426	灯蛾科	人纹污灯蛾	*Spilarctia subcarnea*
427	灯蛾科	黄星雪灯蛾	*Spilosoma lubricipedum*
428	灯蛾科	红星雪灯蛾	*Spilosoma punctarium*
429	灯蛾科	稀点雪灯蛾	*Spilosoma urticae*
430	灯蛾科	蛛雪苔蛾	*Cyana ariadne*
431	灯蛾科	草雪苔蛾	*Cyana pratti*
432	灯蛾科	血红雪苔蛾	*Cyana sanguinea*
433	灯蛾科	亲土苔蛾	*Eilema affineola*
434	灯蛾科	灰土苔蛾	*Eilema griseola*
435	灯蛾科	粉鳞土苔蛾	*Eilema moorei*
436	灯蛾科	乌土苔蛾	*Eilema ussurica*
437	灯蛾科	头橙荷苔蛾	*Ghoria gigantea*
438	灯蛾科	黄灰佳苔蛾	*Hypeugoa flavogrisea*
439	灯蛾科	四点苔蛾	*Lithosia quadra*
440	灯蛾科	美苔蛾	*Miltochrista miniata*
441	灯蛾科	黄边美苔蛾	*Miltochrista pallida*
442	灯蛾科	硃美苔蛾	*Miltochrista pulchra*
443	灯蛾科	玫美苔蛾	*Miltochrista rosacea*
444	灯蛾科	优美苔蛾	*Miltochri starosacea*
445	灯蛾科	云彩苔蛾	*Nudina artaxidia*
446	灯蛾科	黄痣苔蛾	*Stigmatophora flava*
447	灯蛾科	明痣苔蛾	*Stigmatophora micans*
448	灯蛾科	玫痣苔蛾	*Stigmatophora rhodophila*
449	鹿蛾科	广鹿蛾	*Amata emma*
450	鹿蛾科	黑鹿蛾	*Amata ganssuensis*

（续）

序号	科名	种名	学名
451	鹿蛾科	蕾鹿蛾	*Amata germana*
452	夜蛾科	白斑剑纹夜蛾	*Acronicta catocaloida*
453	夜蛾科	戟剑纹夜蛾	*Acronicta euphorbiae*
454	夜蛾科	榆剑纹夜蛾	*Acronicta hercules*
455	夜蛾科	桃剑纹夜蛾	*Acronycta incretata*
456	夜蛾科	晃剑纹夜蛾	*Acronicta leucocuspis*
457	夜蛾科	桑剑纹夜蛾	*Acronicta major*
458	夜蛾科	梨剑纹夜蛾	*Acronicta rumicis*
459	夜蛾科	果剑纹夜蛾	*Acronicta strigosa*
460	夜蛾科	皱地夜蛾	*Agrotis clavis*
461	夜蛾科	警纹地夜蛾	*Agrotis exclamationis*
462	夜蛾科	小地老虎	*Agrotis ypsilon*
463	夜蛾科	浦地夜蛾	*Agrotisri pae*
464	夜蛾科	黄地老虎	*Agrotis segetum*
465	夜蛾科	大地老虎	*Agrotis tokionis*
466	夜蛾科	三叉地夜蛾	*Agrotis trifurca*
467	夜蛾科	角线研夜蛾	*Aletia conigera*
468	夜蛾科	麦奂夜蛾	*Amphipoea fucosa*
469	夜蛾科	紫黑扁身夜蛾	*Amphipyra livida*
470	夜蛾科	大红裙杂夜蛾	*Amphipyra monolitha*
471	夜蛾科	蔷薇杂夜蛾	*Amphipyra perflua*
472	夜蛾科	坑卫翅夜蛾	*Amyna octo*
473	夜蛾科	环窄眼夜蛾	*Anarta orbiculosa*
474	夜蛾科	超桥夜蛾	*Anomis fulvida*
475	夜蛾科	桥夜蛾	*Anomis mesogona*
476	夜蛾科	秀夜蛾	*Apamea sordens*
477	夜蛾科	后委夜蛾	*Athetis gluteosa*
478	夜蛾科	朽木夜蛾	*Axylia putris*
479	夜蛾科	阴卜夜蛾	*Bomolocha stygiana*
480	夜蛾科	白线散纹夜蛾	*Callopistria albolineola*
481	夜蛾科	红晕散纹夜蛾	*Callopistria repleta*
482	夜蛾科	疖角壶夜蛾	*Calyptra minuticornis*
483	夜蛾科	显裳夜蛾	*Catocala deuteronympha*
484	夜蛾科	柳裳夜蛾	*Catocala electa*
485	夜蛾科	奥裳夜蛾	*Catocala obscena*
486	夜蛾科	红腹裳夜蛾	*Catocala pacta*
487	夜蛾科	鹿裳夜蛾	*Catocala proxeneta*
488	夜蛾科	白夜蛾	*Chasminodes albonitens*
489	夜蛾科	白叉卡夜蛾	*Chersotis albifurca*
490	夜蛾科	客来夜蛾	*Chrysorithrum amata*
491	夜蛾科	筱客来夜蛾	*Chrysorithrum flavomaculata*

（续）

序号	科名	种名	学名
492	夜蛾科	残夜蛾	*Colobochyla salicalis*
493	夜蛾科	白黑首夜蛾	*Craniophora albonigra*
494	夜蛾科	女贞首夜蛾	*Craniophora ligustri*
495	夜蛾科	斑藓夜蛾	*Cryphia granitalis*
496	夜蛾科	绿藓夜蛾	*Cryphia prasina*
497	夜蛾科	重冬夜蛾	*Cucullia duplicata*
498	夜蛾科	长冬夜蛾	*Cucullia elongata*
499	夜蛾科	蒿冬夜蛾	*Cucullia fraudatrix*
500	夜蛾科	雪冬夜蛾	*Cucullia jankowskii*
501	夜蛾科	银装冬夜蛾	*Cucullia splendida*
502	夜蛾科	三斑蕊夜蛾	*Cymatophoropsis trimaculata*
503	夜蛾科	灰歹夜蛾	*Diarsia canescens*
504	夜蛾科	井夜蛾	*Dysmilichia gemella*
505	夜蛾科	小折巾夜蛾	*Dysgonia obscura*
506	夜蛾科	粉缘钻夜蛾	*Earias pudicana*
507	夜蛾科	玫斑钻夜蛾	*Earias roseifera*
508	夜蛾科	谐夜蛾	*Emmelia trabealis*
509	夜蛾科	鸽光裳夜蛾	*Ephesia columbina*
510	夜蛾科	栎光裳夜蛾	*Ephesia dissimilis*
511	夜蛾科	珀光裳夜蛾	*Ephesia helena*
512	夜蛾科	珠光裳夜蛾	*Ephesia invasa*
513	夜蛾科	灰猎夜蛾	*Eublemma arcuinna*
514	夜蛾科	二红白虫	*Eublemma dimidialis*
515	夜蛾科	齿恭夜蛾	*Euclidia dentata*
516	夜蛾科	烙图夜蛾	*Eugrapha sigma*
517	夜蛾科	东风夜蛾	*Eurois occulta*
518	夜蛾科	双轮切夜蛾	*Euxoa birivia*
519	夜蛾科	厉切夜蛾	*Euxoa lidia*
520	夜蛾科	白边切根虫	*Euxoa oberthuri*
521	夜蛾科	寒切夜蛾	*Euxoa sibirica*
522	夜蛾科	黑麦切夜蛾	*Euxoa tritici*
523	夜蛾科	梳跗盗夜蛾	*Hadena aberrens*
524	夜蛾科	斑盗夜蛾	*Hadena confusa*
525	夜蛾科	唳盗夜蛾	*Hadena rivularis*
526	夜蛾科	棉铃虫	*Helicoverpa armigera*
527	夜蛾科	烟青虫	*Helicoverpa assulta*
528	夜蛾科	网夜蛾	*Heliophobus reticulata*
529	夜蛾科	焰实夜蛾	*Heliothis fervens*
530	夜蛾科	花实夜蛾	*Heliothis ononis*
531	夜蛾科	苏角剑夜蛾	*Gortyna amurensis*
532	夜蛾科	赭黄髯须夜蛾	*Hypena obesalis*

（续）

序号	科名	种名	学名
533	夜蛾科	豆髯须夜蛾	*Hypena tristalis*
534	夜蛾科	后甘夜蛾	*Hypobarathra icterias*
535	夜蛾科	苹梢夜蛾	*Hypocala subsatura*
536	夜蛾科	杨逸色夜蛾	*Ipimorpha subtusa*
537	夜蛾科	蓝条夜蛾	*Ischyja manlia*
538	夜蛾科	桦安夜蛾	*Lacanobia contigua*
539	夜蛾科	白钩黏夜蛾	*Leucania proxima*
540	夜蛾科	绒黏夜蛾	*Leucania velutina*
541	夜蛾科	亭俚夜蛾	*Lithacodia gracilior*
542	夜蛾科	平影夜蛾	*Lygephila lubrica*
543	夜蛾科	黑缘影夜蛾	*Lygephila nigricostata*
544	夜蛾科	焚影夜蛾	*Lygephila vulcanea*
545	夜蛾科	甘蓝夜蛾	*Mamestra brassicae*
546	夜蛾科	乌夜蛾	*Melanchra persicariae*
547	夜蛾科	选拟三角夜蛾	*Melapia electaria*
548	夜蛾科	奚毛胫夜蛾	*Mocis ancilla*
549	夜蛾科	拱模夜蛾	*Noctua chardinyi*
550	夜蛾科	洼皮夜蛾	*Nolathripa lactaria*
551	夜蛾科	黑剑狼夜蛾	*Ochropleura draesekei*
552	夜蛾科	红棕狼夜蛾	*Ochropleura ellapsa*
553	夜蛾科	灰褐狼夜蛾	*Ochropleura ignara*
554	夜蛾科	翠色狼夜蛾	*Ochropleura praecox*
555	夜蛾科	夕狼夜蛾	*Ochropleura refulgens*
556	夜蛾科	衍狼夜蛾	*Ochropleura stentzi*
557	夜蛾科	基角狼夜蛾	*Ochropleura triangularis*
558	夜蛾科	嘴壶夜蛾	*Oraesia emarginata*
559	夜蛾科	曲线奴夜蛾	*Paracolax derivalis*
560	夜蛾科	围星夜蛾	*Perigea cyclicoides*
561	夜蛾科	围连环夜蛾	*Perigrapha circumducta*
562	夜蛾科	扁连环夜蛾	*Perigrapha hoenei*
563	夜蛾科	小罕夜蛾指名亚种	*Perissandria dizyx*
564	夜蛾科	姬夜蛾	*Phyllophila obliterata*
565	夜蛾科	类灰夜蛾	*Polia altaica*
566	夜蛾科	红棕灰夜蛾	*Polia illoba*
567	夜蛾科	霉裙剑夜蛾	*Polyphaenis oberthuri*
568	夜蛾科	冬麦异夜蛾	*Protexarnis confinis*
569	夜蛾科	宽胫夜蛾	*Protoschinia scutosa*
570	夜蛾科	黏虫	*Mythimna seperata*
571	夜蛾科	双纹焰夜蛾	*Pyrrhia bifasciata*
572	夜蛾科	焰夜蛾	*Pyrrhia umbra*
573	夜蛾科	白云修虎蛾	*Sarbanissa transiens*

（续）

序号	科名	种名	学名
574	夜蛾科	棘翅夜蛾	*Scoliopteryx libatrix*
575	夜蛾科	袭夜蛾	*Sidemia bremeri*
576	夜蛾科	曲线贫夜蛾	*Simplicia niphona*
577	夜蛾科	后扇夜蛾	*Sineugraphe stolidoprocta*
578	夜蛾科	卑矛夜蛾	*Spaelotis sinophysa*
579	夜蛾科	环夜蛾	*Spirama retorta*
580	夜蛾科	甜菜夜蛾	*Spodoptera exigua*
581	夜蛾科	干纹夜蛾	*Staurophora celsia*
582	夜蛾科	涂闪夜蛾	*Sypnoides picta*
583	夜蛾科	庸肖毛翅夜蛾	*Thyas juno*
584	夜蛾科	黑环陌夜蛾	*Trachea melanospila*
585	夜蛾科	柳美冬夜蛾	*Xanthia fulvago*
586	夜蛾科	黄紫美冬夜蛾	*Xanthia togata*
587	夜蛾科	八字地老虎	*Xestia cnigrum*
588	夜蛾科	润鲁夜蛾	*Xestia dilatata*
589	夜蛾科	褐纹鲁夜蛾	*Xestia fuscostigma*
590	夜蛾科	大三角鲁夜蛾	*Xestia kollari*
591	夜蛾科	消鲁夜蛾	*Xestia tabida*
592	夜蛾科	三角鲁夜蛾	*Xestia triangulum*
593	天蛾科	赭带鬼脸天蛾	*Acherontia atropos*
594	天蛾科	芝麻鬼脸天蛾	*Acherontia styx*
595	天蛾科	葡萄缺角天蛾	*Acosmeryx naga*
596	天蛾科	黄脉天蛾	*Amorpha amurensis*
597	天蛾科	葡萄天蛾	*Ampelophaga rubiginosa*
598	天蛾科	黄线天蛾	*Apocalypsis velox*
599	天蛾科	榆绿天蛾	*Callambulyx tatarinovi*
600	天蛾科	平背天蛾	*Cechenena minor*
601	天蛾科	猫眼赛天蛾	*Celerio costata*
602	天蛾科	深色白眉天蛾	*Celerio gallii*
603	天蛾科	八字白眉天蛾	*Celerio livornica*
604	天蛾科	豆天蛾	*Clanis bilineata tsingtauica*
605	天蛾科	灰斑豆天蛾	*Clanis undulosa*
606	天蛾科	小星天蛾	*Dolbina exacta*
607	天蛾科	绒星天蛾	*Dolbina tancrei*
608	天蛾科	白薯天蛾	*Herse convolvuli*
609	天蛾科	松黑天蛾	*Hyloicus caligineussinicus*
610	天蛾科	白须天蛾	*Kentrochrysalis sieversi*
611	天蛾科	女贞天蛾	*Kentrochrysalis streckeri*
612	天蛾科	川锯翅天蛾	*Langia zenzeroid*
613	天蛾科	甘蔗天蛾	*Leucophlebia lineata*
614	天蛾科	长喙天蛾	*Macroglossum corythus*

（续）

序号	科名	种名	学名
615	天蛾科	黑长喙天蛾	*Macroglossum pyrrhosticta*
616	天蛾科	小豆长喙天蛾	*Macroglossum stellatarum*
617	天蛾科	椴六点天蛾	*Marumba dyras*
618	天蛾科	枣桃六点天蛾	*Marumba gaschkewitschi*
619	天蛾科	黄边六点天蛾	*Marumba maacki*
620	天蛾科	栗六点天蛾	*Marumba sperchius*
621	天蛾科	鹰翅天蛾	*Oxyambulyx ochracea*
622	天蛾科	核桃鹰翅天蛾	*Oxyambulyx schauffelbergeri*
623	天蛾科	构月天蛾	*Parum colligata*
624	天蛾科	白环红天蛾	*Pergesa askoldensis*
625	天蛾科	红天蛾	*Pergesa elpenorlewisi*
626	天蛾科	盾天蛾	*Phyllosphingia dissimilis*
627	天蛾科	霜天蛾	*Psilogramma menephron*
628	天蛾科	白肩天蛾	*Rhagastis mongoliana*
629	天蛾科	杨目天蛾	*Smerithus caecus*
630	天蛾科	蓝目天蛾	*Smerithus planus*
631	天蛾科	葡萄昼天蛾	*Sphecodina caudata*
632	天蛾科	红节天蛾	*Sphinx ligustri*
633	天蛾科	雀纹天蛾	*Theretra japonica*
634	天蛾科	芋双线天蛾	*Theretra oldenlandiae*
635	大蚕蛾科	绿尾大蚕蛾	*Actias seleneningpoana*
636	大蚕蛾科	锈丁目大蚕蛾	*Aglia tau amurensis*
637	大蚕蛾科	柞蚕	*Antheraea pernyi*
638	大蚕蛾科	合目大蚕蛾	*Caligula boisduvali*
639	大蚕蛾科	樟蚕	*Eriogyna pyretorum*
640	大蚕蛾科	黄豹大蚕蛾	*Loepa katinka*
641	大蚕蛾科	透目大蚕蛾	*Actias rhodinia*
642	大蚕蛾科	樗蚕	*Samia cynthia*
643	箩纹蛾科	黄褐箩纹蛾	*Brahmaea certhia*
644	箩纹蛾科	黑褐箩纹蛾	*Brahmaea christophi*
645	枯叶蛾科	白杨毛虫	*Pyrosis idiota*
646	枯叶蛾科	黄斑波纹杂毛虫	*Cyclophragma undans*
647	枯叶蛾科	宁陕松毛虫	*Dendrolimus ningshanensis*
648	枯叶蛾科	马尾松毛虫	*Dendrolimus punctatus*
649	枯叶蛾科	赤松毛虫	*Dendrolimus spectabilis*
650	枯叶蛾科	明纹柏松毛虫	*Dendrolimus suffuscus*
651	枯叶蛾科	落叶松毛虫	*Dendrolimus superans*
652	枯叶蛾科	油松毛虫	*Dendrolimus tabulaeformis*
653	枯叶蛾科	杨枯叶蛾	*Gastropacha populifolia*
654	枯叶蛾科	黄褐天幕毛虫	*Malacosoma neustria*
655	枯叶蛾科	苹枯叶蛾	*Odonestis pruni*

（续）

序号	科名	种名	学名
656	枯叶蛾科	东北栎枯叶蛾	*Paralebeda femorata*
657	枯叶蛾科	月斑枯叶蛾	*Somadasys lunata*
658	枯叶蛾科	大黄枯叶蛾	*Trabala vishnou*
659	豹蠹蛾科	多斑豹蠹蛾	*Zeuzera multistrigata*
660	凤蝶科	丝带凤蝶	*Sericinus montelus*
661	凤蝶科	金凤蝶	*Papilio machaon*
662	凤蝶科	柑橘凤蝶	*Sinoprinceps xuthus*
663	绢蝶科	冰清绢蝶	*Parnassius glacialis*
664	粉蝶科	大卫粉蝶	*Pieris davidis*
665	粉蝶科	暗脉粉蝶	*Pieris napi*
666	粉蝶科	黑脉粉蝶	*Pieris melete*
667	粉蝶科	菜粉蝶	*Pieris rapae*
668	粉蝶科	云粉蝶	*Pontia daplidice*
669	粉蝶科	绢粉蝶	*Aporia crataegi*
670	粉蝶科	灰翅绢粉蝶	*Aporia Potanini*
671	粉蝶科	斑缘豆粉蝶	*Colias erate*
672	粉蝶科	橙黄豆粉蝶	*Colias fieldii*
673	粉蝶科	钩粉蝶	*Gonepteryx rhamni*
674	粉蝶科	尖钩粉蝶	*Gonepteryx mahagura*
675	粉蝶科	突角小粉蝶	*Leptidea amurensis*
676	粉蝶科	荠小粉蝶	*Leptidea giganta*
677	眼蝶科	白眼蝶	*Melanargia halimede*
678	眼蝶科	华北白眼蝶	*Melanargia epimede*
679	眼蝶科	黑纱白眼蝶	*Melanargia lugens*
680	眼蝶科	仁眼蝶	*Eumenis autonoe*
681	眼蝶科	寿眼蝶	*Pseudochazara hippolyte*
682	眼蝶科	黄衬云眼蝶	*Hyponephele lupina*
683	眼蝶科	玄裳眼蝶	*Satyrus ferula*
684	眼蝶科	蛇眼蝶	*Minois dryas*
685	眼蝶科	波翅红眼蝶	*Erebia ligea*
686	眼蝶科	矍眼蝶	*Ypthima balda*
687	眼蝶科	牧女珍眼蝶	*Coenonympha amaryllis*
688	眼蝶科	爱珍眼蝶	*Coenonympha oedippus*
689	眼蝶科	阿芬眼蝶	*Aphantopus hyperanthus*
690	眼蝶科	白瞳舜眼蝶	*Loxerebia saxicola*
691	眼蝶科	多眼蝶	*Kirinia epaminondas*
692	眼蝶科	斗毛眼蝶	*Lasiommata deidamia*
693	眼蝶科	黄环链眼蝶	*Lopinga achine*
694	眼蝶科	藏眼蝶	*Tatinga tibetana*
695	蛱蝶科	二尾蛱蝶	*Polyura narcaea*
696	蛱蝶科	锦瑟蛱蝶	*Seokia pratti*

（续）

序号	科名	种名	学名
697	蛱蝶科	重环蛱蝶	*Neptis alwina*
698	蛱蝶科	单环蛱蝶	*Neptis rivularis*
699	蛱蝶科	黄环蛱蝶	*Neptis themis*
700	蛱蝶科	链环蛱蝶	*Neptis pryeri*
701	蛱蝶科	中环蛱蝶	*Neptis hylas*
702	蛱蝶科	中华黄葩蛱蝶	*Patsuia sinensis*
703	蛱蝶科	横眉线蛱蝶	*Limenitis moltrechti*
704	蛱蝶科	重眉线蛱蝶	*Limenitis amphyssa*
705	蛱蝶科	折线蛱蝶	*Limenitis sydyi*
706	蛱蝶科	红线蛱蝶	*Limenitis populi*
707	蛱蝶科	戟眉线蛱蝶	*Limenitis homeyeri*
708	蛱蝶科	白斑迷蛱蝶	*Mimathyma schrenckii*
709	蛱蝶科	夜迷蛱蝶	*Mimathyma nycteis*
710	蛱蝶科	细带闪蛱蝶	*Apatura metis*
711	蛱蝶科	柳紫闪蛱蝶	*Apatura ilia*
712	蛱蝶科	曲带闪蛱蝶	*Apatura laverna*
713	蛱蝶科	紫闪蛱蝶	*Apatura iris*
714	蛱蝶科	大紫蛱蝶	*Sasakia charonda*
715	蛱蝶科	猫蛱蝶	*Timelaea maculata*
716	蛱蝶科	黑脉蛱蝶	*Hestina assimilis*
717	蛱蝶科	拟斑脉蛱蝶	*Hestina persimilis*
718	蛱蝶科	黄帅蛱蝶	*Sephisa princeps*
719	蛱蝶科	孔雀蛱蝶	*Inachis io*
720	蛱蝶科	黄钩蛱蝶	*Polygonia c-aureum*
721	蛱蝶科	白钩蛱蝶	*Polygonia c-album*
722	蛱蝶科	大红蛱蝶	*Vanessa indica*
723	蛱蝶科	小红蛱蝶	*Vanessa cardui*
724	蛱蝶科	黄缘蛱蝶	*Nymphalis antiopa*
725	蛱蝶科	朱蛱蝶	*Nymphalis xanthomelas*
726	蛱蝶科	荨麻蛱蝶	*Aglais urticae*
727	蛱蝶科	罗网蛱蝶	*Melitaea romanovi*
728	蛱蝶科	大网蛱蝶	*Melitaea scotosia*
729	蛱蝶科	老豹蛱蝶	*Argyronome laodice*
730	蛱蝶科	银斑豹蛱蝶	*Speyeria aglaja*
731	蛱蝶科	青豹蛱蝶	*Damora sagana*
732	蛱蝶科	小豹蛱蝶	*Brenthis daphne*
733	蛱蝶科	伊诺小豹蛱蝶	*Brenthis ino*
734	蛱蝶科	蟾福蛱蝶	*Fabricinan nerippe*
735	蛱蝶科	灿福蛱蝶	*Fabriciana adippe*
736	蛱蝶科	绿豹蛱蝶	*Argynnis paphia*
737	蛱蝶科	曲纹银豹蛱蝶	*Childrena zenobia*

（续）

序号	科名	种名	学名
738	蛱蝶科	斐豹蛱蝶	*Argyreus hyperbius*
739	蛱蝶科	西冷珍蛱蝶	*Clossiana selenis*
740	灰蝶科	橙灰蝶	*Lycaena dispar*
741	灰蝶科	红灰蝶	*Lycaena phlaeas*
742	灰蝶科	霓纱燕灰蝶	*Rapala nissa*
743	灰蝶科	彩燕灰蝶	*Rapala selira*
744	灰蝶科	黄灰蝶	*Japonica lutea*
745	灰蝶科	栅黄灰蝶	*Japonica saepestriata*
746	灰蝶科	达斯灰蝶	*Strymonidia walbum*
747	灰蝶科	线灰蝶	*Thecla betulae*
748	灰蝶科	癞灰蝶	*Araragi enthea*
749	灰蝶科	华夏爱灰蝶	*Aricia chinensis*
750	灰蝶科	多眼灰蝶	*Polyommatus eros*
751	灰蝶科	豆灰蝶	*Plebejus argus*
752	灰蝶科	玄灰蝶	*Tongeia fischeri*
753	灰蝶科	大卫玄灰蝶	*Tongeia davidi*
754	灰蝶科	珞灰蝶	*Scolitantides orion*
755	灰蝶科	蓝灰碟	*Everes argiades*
756	灰蝶科	长尾蓝灰蝶	*Everes lacturmus*
757	灰蝶科	胡麻霾灰蝶	*Maculinea teleia*
758	灰蝶科	黑灰蝶	*Niphanda fusca*
759	灰蝶科	红珠灰蝶	*Lycaeides argyrognomon*
760	弄蝶科	直纹稻弄蝶	*Parnara guttata*
761	弄蝶科	小赭弄蝶	*Ochlodes venata*
762	弄蝶科	白斑赭弄蝶	*Ochlodes subhyalana*
763	弄蝶科	黑豹弄蝶	*Thymelicus sylvaticus*
764	弄蝶科	隐纹谷弄蝶	*Pelopidas mathias*
765	弄蝶科	双带弄蝶	*Lobocla bifasciat*
766	弄蝶科	黑弄蝶	*Daimio tethys*
767	弄蝶科	花弄蝶	*Pyrgus maculatus*
768	喙蝶科	朴喙蝶	*Libythea celtis*

参考文献

任国栋，杨培，王君．河北小五台山景观昆虫研究 I. 蝶类（一）[J]. 河北大学学报(自然科学版)，2005，25（001）：72-79.

任国栋，郭书彬，甄卉，等．河北小五台山景观昆虫研究 II：蛾类名录 [J]. 河北大学学报：自然科学版，2007，27（3）：9.

王广力，武宇红，唐伟斌，等．河北邢台太行山区两栖爬行动物资源调查 [J]. 动物学杂志，2019，54（3）：5.

吴跃峰，武明录，曹平萍．河北动物志：两栖爬行哺乳动物类 [M]. 石家庄：河北科学技术出版社，2009.

姚伟强．调整的《河北省重点保护陆生野生动物名录》公布 [J]. 河北林业，2022，294（2）：14.

附　录

河北太行山站十年发展历程

自2013年加入中国森林生态系统定位观测研究网络（CFERN）以来，在国家林业和草原局的大力支持、王兵研究员的悉心指导、联盟站友的热情帮助下，河北太行山站完成了国标认证并成为CFERN国家退耕还林工程监测站（2019年），成为了国家林业和草原局典型林业生态工程效益监测评估国家创新联盟理事单位（2020年），入选了国家林草生态综合监测站（2021），实现了多次跨越式的发展。

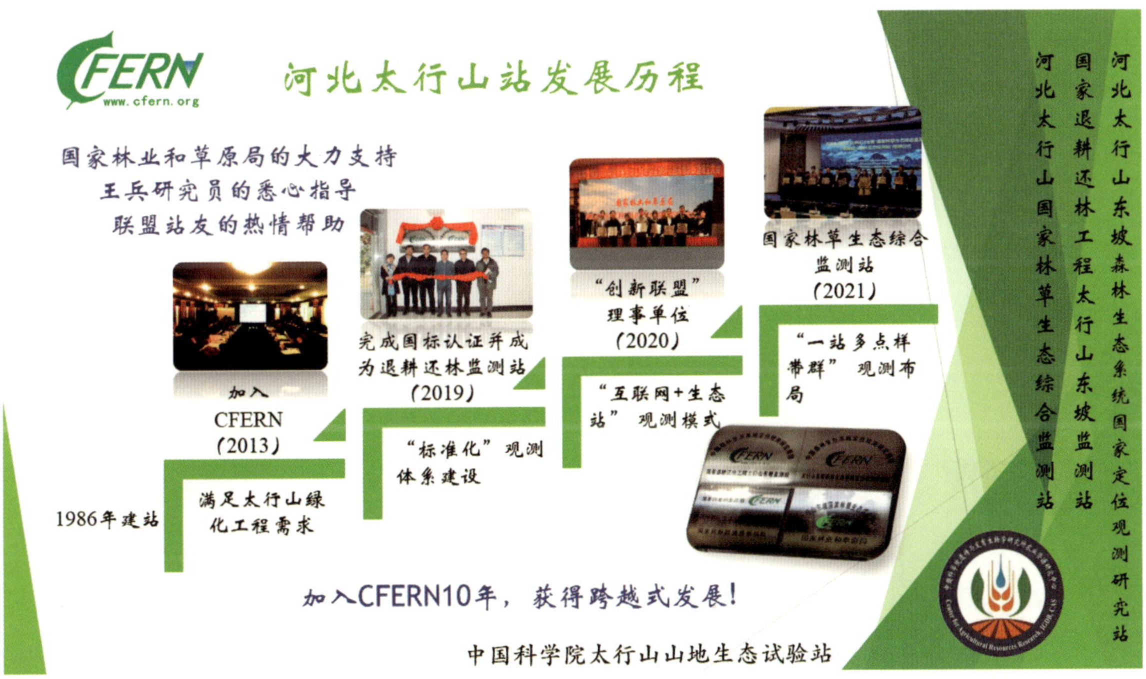

10年来，河北太行山站先后在涞源县、灵寿县、赞皇县、邢台县和涉县建立了5个从北到南的固定观测点，并在太行山东坡以及燕山建立了12条固定的垂直生态样带，完成了"一站多点样带群"的观测布局，构成了优势互补的实时、连续、高效的水、土、气、生长期观测网，基于4G物联网技术实现生态因子的长期监测、实时传输和自动调控，满足了太行山区森林生态系统观测研究的系统化、全面化、自动化需求。

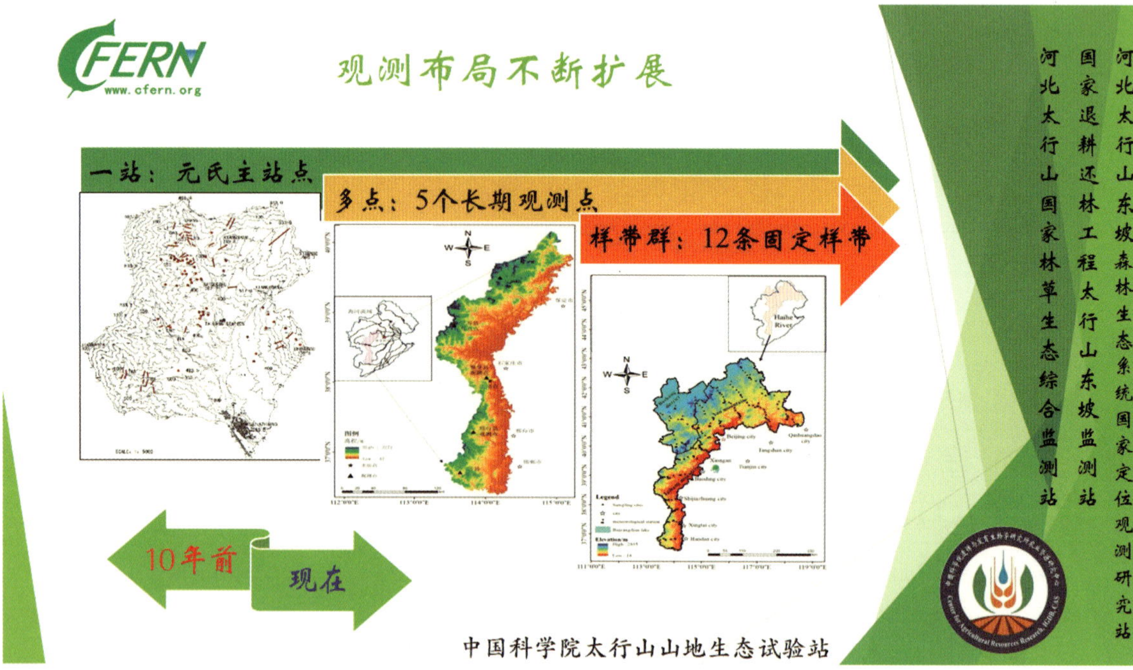

10 年来，为满足区域退耕还林工程监测要求，河北太行山站针对太行山区退耕还林、荒山造林和封山育林后恢复形成的主要公益林和经济林类型，依据《森林生态系统长期定位观测研究站建设规范》（GB/T 40053—2021），建立了 7 个（油松林、枣树林、黄栌林、核桃林、荆条林、石榴林、栎类混交林）面积为 1 公顷的的常规固定监测样地和 1 个面积为 6 公顷的刺槐林生态系统动态观测大样地，观测样地的规模和数量都有了显著的提升。

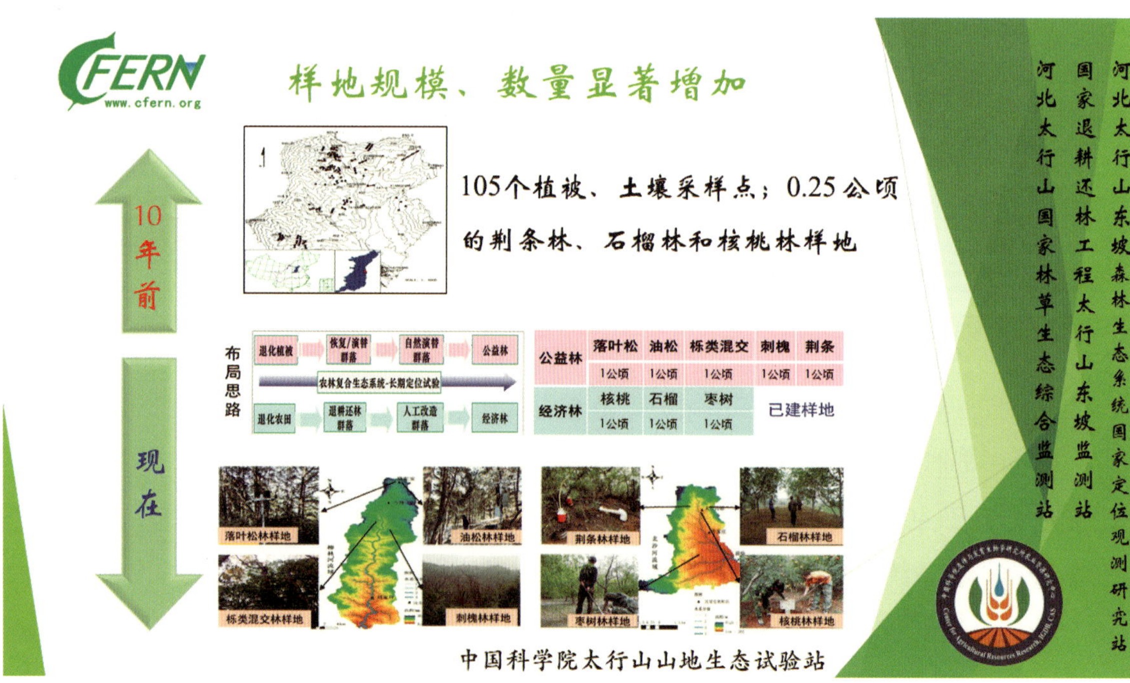

10 年来，河北太行山站配置了自动雨量计、植物液流计、水位计等自动观测仪器，新建了大型岩土柱、蒸渗仪、地下水井群等观测设施，实现了对包括森林降水再分配过程、土壤入渗产流过程、岩土水分运移过程、植被和土壤蒸散过程、地下水形成和运移过程在内的森林生态系统水循环过程的长期自动观测。

10 年来，河北太行山站配备了 LI-8100 土壤碳通量测量系统、土壤温湿度自动观测系统、土壤氮磷钾自动观测系统，结合定期的土壤采样调查，实现了对土壤理化性质、碳储

量、碳通量等特征的长期观测。

10 年来，河北太行山站配置了森林环境空气质量监测系统，建立了森林小气候梯度观测塔，及分布在整个太行山东坡的林内 4G 气象观测站网，实现了对不同区域、不同层次和不同时间尺度的森林生态系统常规气象要素和环境空气质量的多维观测。

10 年来，河北太行山站配置了植被物候观测系统、野生动物野外调查监测系统，进行太行山区典型树种单株地下和地上不同部分及林分生物量、碳储量的定期测定，开展植被层碳

通量的观测，实现了太行山区森林生态系统生物要素观测广度和深度的扩展。

10 年来，河北太行山站扩展了综合楼使用面积和功能，升级了实验室基础条件，打造了多功能智慧温室大棚，维修了整个观测区的观测道路，完成了工作和生活条件的改善提升，为太行山区森林生态系统观测研究提供良好的支撑条件。

河北太行山站始终以具有国际水平的长久性科学观测与研究基地、先进科学技术成果试验、示范和推广基地、优秀科学人才的培养基地和高度开放的国内、国际学术交流基地为建设目标。欢迎各位领导、站友和国内外专家学者来站指导工作和开展合作研究！

“中国山水林田湖草生态产品监测评估及绿色核算”系列丛书目录*

1. 安徽省森林生态连清与生态系统服务研究，出版时间：2016 年 3 月
2. 吉林省森林生态连清与生态系统服务研究，出版时间：2016 年 7 月
3. 黑龙江省森林生态连清与生态系统服务研究，出版时间：2016 年 12 月
4. 上海市森林生态连清体系监测布局与网络建设研究，出版时间：2016 年 12 月
5. 山东省济南市森林与湿地生态系统服务功能研究，出版时间：2017 年 3 月
6. 吉林省白石山林业局森林生态系统服务功能研究，出版时间：2017 年 6 月
7. 宁夏贺兰山国家级自然保护区森林生态系统服务功能评估，出版时间：2017 年 7 月
8. 陕西省森林与湿地生态系统治污减霾功能研究，出版时间：2018 年 1 月
9. 上海市森林生态连清与生态系统服务研究，出版时间：2018 年 3 月
10. 辽宁省生态公益林资源现状及生态系统服务功能研究，出版时间：2018 年 10 月
11. 森林生态学方法论，出版时间：2018 年 12 月
12. 内蒙古呼伦贝尔市森林生态系统服务功能及价值研究，出版时间：2019 年 7 月
13. 山西省森林生态连清与生态系统服务功能研究，出版时间：2019 年 7 月
14. 山西省直国有林森林生态系统服务功能研究，出版时间：2019 年 7 月
15. 内蒙古大兴安岭重点国有林管理局森林与湿地生态系统服务功能研究与价值评估，出版时间：2020 年 4 月
16. 山东省淄博市原山林场森林生态系统服务功能及价值研究，出版时间：2020 年 4 月
17. 广东省林业生态连清体系网络布局与监测实践，出版时间：2020 年 6 月
18. 森林氧吧监测与生态康养研究——以黑河五大连池风景区为例，出版时间：2020 年 7 月
19. 辽宁省森林、湿地、草地生态系统服务功能评估，出版时间：2020 年 7 月
20. 贵州省森林生态连清监测网络构建与生态系统服务功能研究，出版时间：2020 年 12 月

* 本套丛书中 1 ~ 20 种原丛书名为“中国森林生态系统连续观测与清查及绿色核算”系列丛书

21. 云南省林草资源生态连清体系监测布局与建设规划，出版时间：2021 年 8 月

22. 云南省昆明市海口林场森林生态系统服务功能研究，出版时间：2021 年 9 月

23. “互联网 + 生态站”：理论创新与跨界实践，出版时间：2021 年 11 月

24. 东北地区森林生态连清技术理论与实践，出版时间：2021 年 11 月

25. 天然林保护修复生态监测区划和布局研究，出版时间：2022 年 2 月

26. 湖南省森林生态连清与生态系统服务功能研究，出版时间：2022 年 4 月

27. 国家退耕还林工程生态监测区划和布局研究，出版时间：2022 年 5 月

28. 河北省秦皇岛市森林生态产品绿色核算与碳中和评估，出版时间：2022 年 6 月

29. 内蒙古森工集团生态产品绿色核算与森林碳中和评估，出版时间：2022 年 9 月

30. 黑河市生态空间绿色核算与生态产品价值评估，出版时间：2022 年 11 月

31. 内蒙古呼伦贝尔市生态空间绿色核算与碳中和研究，出版时间：2022 年 12 月

32. 河北太行山森林生态站野外长期观测数据集，出版时间：2023 年 4 月